普通高等教育计算机系列规划教材

Web 应用技术指南
（HTML5+CSS3+jQuery+Bootstrap）

汤来锋 李长松 袁 勋 主 编

张诗雨 高玲玲 罗文佳 副主编

电子工业出版社
Publishing House of Electronics Industry
北京·BEIJING

内 容 简 介

本书系统讲解了 HTML5、CSS3、JavaScript、jQuery 和 Ajax 以及 Bootstrap 框架的基础理论、基础知识和基本用法、实际应用技术，通过恰当的实例深入浅出地讲解了相关技术在 Web 应用中的实现。读者通过本书的学习，能够使用 Web 前端主流工具、技术和框架实现网页设计、开发以及网站建设。

本书具有语言精练、内容丰富、图文并茂、实用性强等特点，内容经过精心编排和设计，理论与实践相结合，编排了丰富的例题和大量的练习，所提供的程序代码都通过了调试，适合作为高等院校非计算机专业学生的教材，也可作为计算机 Web 基础知识的入门教材，或供广大计算机爱好者参考。

未经许可，不得以任何方式复制或抄袭本书之部分或全部内容。
版权所有，侵权必究。

图书在版编目（CIP）数据

Web 应用技术指南：HTML5+CSS3+jQuery+Bootstrap/汤来锋，李长松，袁勋主编. —北京：电子工业出版社，2018.2
普通高等教育计算机系列规划教材
ISBN 978-7-121-33385-9

Ⅰ.①W… Ⅱ.①汤… ②李… ③袁… Ⅲ.①网页制作工具－高等学校－教材 Ⅳ.①TP393.092.2

中国版本图书馆 CIP 数据核字（2017）第 325742 号

策划编辑：徐建军（xujj@phei.com.cn）
责任编辑：苏颖杰
印　　刷：北京盛通印刷股份有限公司
装　　订：北京盛通印刷股份有限公司
出版发行：电子工业出版社
　　　　　北京市海淀区万寿路 173 信箱　邮编 100036
开　　本：787×1 092　1/16　印张：17.5　字数：448 千字
版　　次：2018 年 2 月第 1 版
印　　次：2019 年 2 月第 2 次印刷
印　　数：1 000 册　定价：49.00 元

凡所购买电子工业出版社图书有缺损问题，请向购买书店调换。若书店售缺，请与本社发行部联系，联系及邮购电话：（010）88254888，88258888。
质量投诉请发邮件至 zlts@phei.com.cn，盗版侵权举报请发邮件至 dbqq@phei.com.cn。
本书咨询联系方式：（010）88254570。

本书编委会成员
(按拼音排序)

陈昌平	陈　婷	陈小宁	高玲玲	龚轩涛
郭　进	何臻祥	黄纯国	靳紫辉	李长松
李　化	刘　强	罗　丹	罗文佳	吕峻闽
马　明	汤来锋	王　强	王书伟	魏雨东
夏钰红	肖　忠	徐鸿雁	杨大友	姚一永
银　梅	袁　勋	张诗雨		

前　言

本书主要介绍了 Web 开发过程中的各项技术。以精练而通俗的语言，结合实例，系统介绍了 JDK、Web 服务器 Tomcat、设计工具 HBuilder 的配置和应用，同时讲解了主流 Web 设计的相关技术，如 HTML5、CSS3、JavaScript、jQuery、Ajax、Bootstrap 等，实例由浅入深，描述详略得当。读者通过本书的学习，可以掌握 Web 应用的基本开发方法，为以后更深入地学习服务器应用开发、移动应用开发打下坚实的基础。

本书共分 8 章，第 1 章介绍了 Web 应用开发的基本概念和开发工具的配置，第 2 章介绍了 HTML 及 HTML5 的基础知识，第 3 章介绍了 CSS 基础和使用方法，第 4 章介绍了 DIV 及 CSS 页面布局，第 5 章介绍了 JavaScript 基础，第 6 章介绍了 jQuery 的基本概念和具体应用，第 7 章详细介绍了 Ajax 异步通信的应用，第 8 章介绍了 BootStrap 框架的应用。每章都围绕知识点给出了实例，可以帮助读者快速掌握所介绍的知识。

本书由汤来锋、李长松、袁勋担任主编，张诗雨、高玲玲、罗文佳担任副主编，参加本书编写的还有陈昌平、陈婷、陈小宁、龚轩涛、郭进、何臻祥、吕峻闽等。

为了方便教师教学，本书配有电子教学课件，请有此需要的教师登录华信教育资源网（www.hxedu.com.cn）注册后免费下载，如有问题可在网站留言板留言或与电子工业出版社联系（E-mail：hxedu@phei.com.cn）。

虽然我们精心组织，努力编写，但错误之处在所难免；同时由于编者水平有限，书中也存在诸多不足之处，恳请广大读者朋友给予批评和指正，以便在今后的修订中不断改进。

编　者

目 录

第1章 Web 开发概述 ··········· 1
1.1 Web 概述 ··········· 1
1.1.1 开发体系结构 ··········· 1
1.1.2 Web 的版本 ··········· 2
1.2 Web 应用程序的工作原理 ··········· 3
1.3 Web 应用技术介绍 ··········· 3
1.3.1 编程语言 ··········· 4
1.3.2 Web 数据库 ··········· 5
1.3.3 Web 服务器 ··········· 5
1.4 Web 程序开发配置介绍 ··········· 6
1.4.1 JDK 的安装与配置 ··········· 6
1.4.2 Tomcat 的安装与配置 ··········· 9
1.4.3 HBuilder 的下载与使用 ··········· 9

第2章 HTML 基础 ··········· 12
2.1 HTML 文档结构 ··········· 12
2.1.1 第一个 HTML 文档 ··········· 12
2.1.2 HTML 文档基本结构 ··········· 13
2.1.3 HTML 文档头部信息 ··········· 13
2.1.4 HTML 的<meta>标签 ··········· 14
2.1.5 HTML 的<link>标签 ··········· 14
2.1.6 HTML 文档主体内容 ··········· 14
2.2 文本样式 ··········· 15
2.2.1 文本标签 ··········· 15
2.2.2 常见块级标签 ··········· 15
2.2.3 预格式化标签 ··········· 16
2.2.4 特殊符号 ··········· 16
2.2.5 注释 ··········· 17
2.2.6 本节综合实例 ··········· 17
2.3 列表 ··········· 18
2.3.1 无序列表 ··········· 18
2.3.2 有序列表 ··········· 19
2.4 表格 ··········· 20
2.4.1 表格基本语法 ··········· 20
2.4.2 表格的常用标签 ··········· 22

2.4.3 表格的标题与表头	22
2.4.4 \<tr\>、\<td\>、\<th\>标签的属性	24
2.4.5 本节综合实例	25
2.5 超链接	26
2.5.1 实例	26
2.5.2 超链接路径	28
2.6 图像	29
2.6.1 实例	29
2.6.2 图像的常用属性	30
2.7 表单及控件	31
2.7.1 实例	31
2.7.2 表单标签属性	32
2.7.3 表单中的标签	33
2.7.4 本节综合实例	36
2.8 框架	38
2.8.1 实例	38
2.8.2 框架集标签	38
2.8.3 框架标签	40
2.9 HTML5 的 audio 元素	40
2.9.1 播放音频的方法	40
2.9.2 使用 HTML5 的\<audio\>标签	41
2.9.3 更好的音频播放方法	41
2.10 HTML5 的 video 元素	42
2.10.1 使用\<video\>标签	42
2.10.2 更好的视频播放方法	42
2.11 HTML5 的 canvas 元素	43
2.11.1 创建 canvas 元素	43
2.11.2 通过 JavaScript 来绘制	43
第 3 章 CSS 基础	44
3.1 CSS 基本概念	44
3.1.1 什么是 CSS	44
3.1.2 引入方法	44
3.2 CSS 选择器	49
3.2.1 选择器定义	49
3.2.2 常用选择器	50
3.3 常用 CSS 属性	58
3.3.1 字体属性	58
3.3.2 颜色和背景属性	60
3.3.3 文本属性	62

    3.3.4 列表属性 ··· 64
    3.3.5 边框属性 ··· 66
    3.3.6 图片属性 ··· 67
    3.3.7 定位属性 ··· 71
  课后作业 ··· 74

第 4 章　DIV 及 CSS 页面布局 ·· 75

  4.1 网页布局概述 ··· 75
    4.1.1 网页布局一般流程 ·· 75
    4.1.2 网页布局分类 ·· 75
  4.2 页面布局标准 ··· 76
    4.2.1 传统页面布局 ·· 76
    4.2.2 Web 标准布局 ·· 79
  4.3 CSS 盒模型 ·· 82
    4.3.1 盒模型内容 ··· 82
    4.3.2 盒模型填充 ··· 83
    4.3.3 盒模型边框 ··· 86
    4.3.4 盒模型边界 ··· 90
    4.3.5 盒模型大小 ··· 98
  4.4 页面布局设计（三行、三列、导航） ··· 100
    4.4.1 一列固定宽度 ··· 100
    4.4.2 一列宽度自适应 ··· 101
    4.4.3 两列固定宽度 ··· 102
    4.4.4 两列宽度自适应 ··· 103
    4.4.5 两列右列宽度自适应 ··· 104
    4.4.6 三列中间宽度自适应 ··· 104
    4.4.7 三行三列 ·· 106
    4.4.8 导航菜单 ·· 108
  4.5 综合实例 ··· 111
    4.5.1 页面功能需求分析 ·· 111
    4.5.2 页面布局规划实施 ·· 111
    4.5.3 页面实现 ·· 111
  课后作业 ·· 119

第 5 章　JavaScript 基础 ·· 120

  5.1 JavaScript 概述 ··· 120
  5.2 JavaScript 程序结构 ·· 121
  5.3 JavaScript 数据类型、变量 ··· 122
  5.4 JavaScript 运算符 ·· 124
  5.5 JavaScript 程序控制语句 ·· 137

5.6	JavaScript 函数	145
5.7	JavaScript 数组	150
5.8	HTML DOM	152
5.9	JavaScript 事件	157
5.10	综合实例	167
	课后作业	178

第 6 章 jQuery … 179

- 6.1 jQuery 概述 … 179
  - 6.1.1 什么是 jQuery … 179
  - 6.1.2 jQuery 安装 … 179
  - 6.1.3 jQuery 语法 … 181
- 6.2 jQuery 选择器 … 181
  - 6.2.1 元素选择器 … 181
  - 6.2.2 #id 选择器 … 182
  - 6.2.3 .class 选择器 … 183
  - 6.2.4 更多其他选择器 … 183
  - 6.2.5 独立文件中使用 jQuery 函数 … 184
- 6.3 jQuery 的页面操作 … 184
  - 6.3.1 获取与设置 … 184
  - 6.3.2 添加元素 … 189
  - 6.3.3 删除元素 … 193
  - 6.3.4 获取并设置 CSS 类 … 195
- 6.4 jQuery 事件处理 … 200
  - 6.4.1 什么是事件 … 200
  - 6.4.2 jQuery 事件方法语法 … 201
  - 6.4.3 常用的 jQuery 事件方法 … 201
- 6.5 jQuery 动画效果 … 206
  - 6.5.1 隐藏和显示 … 207
  - 6.5.2 淡入淡出 … 209
  - 6.5.3 滑动 … 212
  - 6.5.4 自定义动画 … 215
  - 6.5.5 停止动画 … 219

第 7 章 Ajax … 221

- 7.1 Ajax 概述 … 221
  - 7.1.1 什么是 Ajax … 221
  - 7.1.2 Ajax 的工作原理 … 221
  - 7.1.3 Ajax 基于现有的 Internet 标准 … 221
- 7.2 使用 XMLHttpRequest 对象 … 222

7.2.1 XMLHttpRequest 对象概述 … 222
7.2.2 方法和属性 … 223
7.2.3 交互示例 … 224
7.2.4 GET 与 POST … 225
7.2.5 远程脚本 … 226
7.2.6 如何发送简单请求 … 228
7.3 与服务器通信——处理响应和发送请求 … 231
7.3.1 处理服务器响应 … 231
7.3.2 发送请求参数 … 238

第 8 章 Bootstrap … 244

8.1 Bootstrap 概述 … 244
8.1.1 Bootstrap 安装 … 244
8.1.2 Bootstrap 特色 … 246
8.2 BootStrap CSS … 247
8.2.1 Bootstrap 的基础布局——Scaffolding … 247
8.2.2 排版（Typography）、表格（Table）、表单（Forms）、按钮（Buttons） … 250
8.3 Bootstrap 布局组件 … 258
8.3.1 按钮（Button） … 258
8.3.2 导航（Navigation） … 261

第 1 章

Web 开发概述

随着互联网的普及，各类网站如雨后春笋般出现。近几年，网络技术迅速发展，促进了网站功能逐渐完善及其开发技术不断更新，特别是互联网向移动端迁移，使得 Web 开发成为企业级解决方案中不可缺少的重要组成部分。

通过本章的学习，可以知道：
- Web 应用系统工作原理；
- Web 应用的相关技术；
- Web 程序开发环境配置。

1.1 Web 概述

1.1.1 开发体系结构

1. C/S 体系结构

C/S 结构（Client/Server 结构）是大家熟知的客户机/服务器结构，通过它可以充分利用两端硬件环境的优势，将任务合理分配到 Client 端和 Server 端来实现，降低了系统的通信开销。

目前大多数应用软件系统都是 Client/Server 形式的两层结构，由于现在的软件应用系统正在向分布式的 Web 应用发展，Web 和 Client/Server 应用都可以进行同样的业务处理，应用不同的模块共享逻辑组件。这也就是目前应用系统的发展方向。

2. B/S 体系结构

B/S 结构（Browser/Server 结构，浏览器/服务器结构），是 Web 兴起后的一种网络结构模式，Web 浏览器是客户端最主要的应用软件。这种模式统一了客户端，将系统功能实现的核心部分集中到服务器上，简化了系统的开发、维护和使用。浏览器通过 Web 服务器同数据库进行数据交互。

3. 两种体系结构的比较

系统开发中，C/S 结构往往可以由 B/S 结构及其载体承担，C/S 结构的 Web 应用与 B/S 结构具有紧密联系。大型系统和复杂系统中，C/S 结构和 B/S 结构的嵌套也很普遍。

而在硬件环境、安全要求、程序架构、系统维护等方面两种体系结构又存在着区别。

1.1.2 Web 的版本

1. Web 1.0

最早的网络构想来源于 1980 年由 Tim Berners-Lee 构建的 ENQUIRE 项目，这是一个超文本在线编辑数据库，尽管看上去与现在使用的互联网不太一样，但是许多核心思想都是一致的。Web 1.0 时代开始于 1994 年，其主要特征是大量使用静态的 HTML 网页来发布信息，并开始使用浏览器来获取信息，这个时候主要是单向的信息传递。

Web 1.0 只解决了人对信息搜索、聚合的需求，而没有解决人与人之间沟通、互动和参与的需求，所以 Web 2.0 应运而生。

2. Web 2.0

Web 2.0 始于 2004 年 3 月 O'Reilly Media 公司和 MediaLive 国际公司的一次头脑风暴会议。此后关于 Web 2.0 的相关研究与应用迅速发展，Web 2.0 的理念与相关技术日益成熟和发展，推动了 Internet 的变革与应用的创新。在 Web 2.0 中，软件被当成一种服务，Internet 从一系列网站演化成一个成熟的为最终用户提供网络应用的服务平台，强调用户的参与、在线的网络协作、数据储存的网络化、社会关系网络、RSS 应用以及文件的共享等成为 Web 2.0 发展的主要支撑和表现。Web 2.0 大大激发了创造和创新的积极性，使 Internet 重新变得生机勃勃。

3. Web 3.0

Web 3.0 是 Internet 发展的必然趋势，是 Web 2.0 的进一步发展和延伸。Web 3.0 能够进一步深度挖掘信息并使其直接从底层数据库进行互通，并把散布在 Internet 上的各种信息点以及用户的需求点聚合和对接起来，通过在网页上添加元数据，使机器能够理解网页内容，从而提供基于语义的检索与匹配，使用户的检索更加个性化、精准化和智能化。Web 3.0 浏览器会把网络当成一个可以满足任何查询需求的大型信息库。Web 3.0 的本质是深度参与、生命体验以及体现网民参与的价值。

Web 3.0 的技术特性如下：

（1）智能化及个性化搜索引擎；

（2）数据的自由整合与有效聚合；

（3）适合多种终端平台，实现信息服务的普适性。

4. Web 3.0 与 Web 1.0、Web 2.0 的区别

从用户参与的角度看，Web 1.0 的特征是以静态、单向阅读为主，用户仅是被动参与；Web 2.0 用户可以实现互动参与，但这种互动仍然是有限制的；Web 3.0 则以网络化和个性化为特征，可以提供更多人工智能服务，用户可以实现实时参与。

从技术角度看，Web 1.0 依赖的是动态 HTML 和静态 HTML 网页技术；Web 2.0 则以 Blog、TAG、SNS、RSS、Wiki、六度分隔、XML、Ajax 等技术和理论为基础；Web 3.0 的技术特点是综合性的，语义 Web、本体是实现 Web 3.0 的关键技术。

从应用角度看，传统的门户网站如新浪、搜狐、网易等是 Web 1.0 的代表，博客中国、Facebook、YouTube 等是 Web 2.0 的代表，Google 等是 Web 3.0 的代表。

1.2　Web 应用程序的工作原理

Web 应用程序是一种可以通过 Web 访问的应用程序，程序的最大好处是用户很容易访问应用程序，用户只需要有浏览器即可，不需要再安装其他软件。

运行 Web 应用程序需要有网页、Web 服务器、客户浏览器以及客户端和浏览器之间通信的 HTTP。浏览器用于显示数据，和用户产生交互；服务器用于处理浏览器的请求，并把结果数据组织成浏览器可以识别的格式返回。服务器和浏览器可以是一对多的，在广域网中，一个服务器可以给数以百万计的浏览器提供服务。从浏览器发出请求，到服务器得到响应，并返回相应数据，整个工作原理过程如图 1-1 所示。

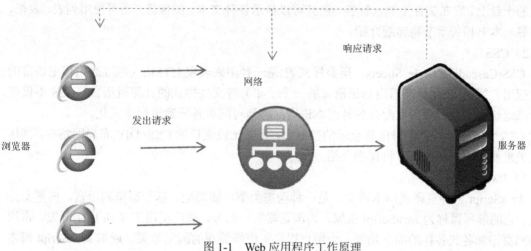

图 1-1　Web 应用程序工作原理

在使用网络通信时，一台服务器给众多的浏览器提供服务，关系很复杂，所以需要一个约定的规则去协调这种关系，Web 应用程序一般使用 HTTP 去实现服务器和浏览器的通信，这样在 Internet 上的用户就可以使用浏览器去访问 Web 服务了。

当服务器接收到浏览器的请求后，调用服务器端应用程序，数据库系统等处理完毕请求，然后把结果数据组织成 HTML 形式，返回到客户端去显示。

1.3　Web 应用技术介绍

Web 应用被归为分布式应用，一般是客户端/服务器结构，所以一部分的代码运行在客户端，另一部分代码运行在服务器。在客户端上的应用就是前端，通常指浏览器。最常用于前端开发的技术是 HTML+CSS+JavaScript，开发人员通常使用这些技术的组合开发应用的前端。另一个前端的常用技术就是使用 Photoshop 设计，配合其他技术共同完成 Web 页面的制作。

通常来说，后台开发者编写运行在服务器上的代码，需要和数据库打交道，如读/写数据、读写文件、实现业务逻辑等。有些时候，业务逻辑存储在客户端，这时后台就是用来以 Web 服务的形式提供数据库中的数据。后台开发者一般需要掌握一种 Web 编程语言和一个数据库管理系统。

1.3.1 编程语言

对于 Web 开发，有很多编程语言可以选择。当需要在前端开发时，标准的开发语言是 JavaScript，当然还需要 HTML 语言、CSS 等，后台也有很多选择。

1. 前端技术

1）HTML 语言

HTML 语言（Hyper Text Markup Language，超文本标记语言）主要用于显示网页信息，由浏览器解释执行，能把存放在一台计算机中的文本或图形与另一台计算机中的文本或图形方便地联系在一起，形成有机的整体。

HTML 语言文档制作不复杂，但功能强大，支持不同数据格式的文件嵌入，可以使用在广泛的平台上。它在文件中加入标签，使其可以显示各种文本、图像等，还可使用列表、表格、框架等。本书相关章节将详细介绍。

2）CSS

CSS(Cascading Style Sheets，层叠样式表)是一种用来表现 HTML（标准通用标记语言的一个应用）或 XML（标准通用标记语言的一个子集）等文件样式的计算机语言。CSS 不仅可以静态地修饰网页，还可以配合各种脚本语言动态地对网页各元素进行格式化。

CSS 大大提高开发者对信息显示的控制力，目前比较流行的 CSS+DIV 布局网站中，其作用至关重要。本书相关章节将详细介绍。

3）JavaScript

JavaScript 一种直译式脚本语言，是一种动态类型、弱类型、基于原型的语言，内置支持类型。它的解释器称为 JavaScript 引擎，为浏览器的一部分，被广泛用于 Web 应用开发，常用来为网页添加各式各样的动态功能，为用户提供更流畅美观的浏览效果。通常 JavaScript 脚本是通过嵌入在 HTML 中来实现自身的功能。本书相关章节将详细介绍。

2. 后台技术

1）CGI

CGI（Common Gateway Interface，通用网关接口）是 WWW 技术中最重要的技术之一，有着不可替代的重要地位。CGI 是外部应用程序（CGI 程序）与 Web 服务器之间的接口标准，是在 CGI 程序和 Web 服务器之间传递信息的过程。

2）PHP

PHP（Hypertext Preprocessor，超文本预处理器）是一种通用开源脚本语言。其语法吸收了 C 语言、Java 和 Perl 的特点，利于学习，使用广泛，主要适用于 Web 开发领域。PHP 独特的语法混合了 C、Java、Perl 以及 PHP 自创的语法。它可以比 CGI 或者 Perl 更快速地执行动态网页。用 PHP 做出的动态页面与其他的编程语言相比，PHP 是将程序嵌入到 HTML（标准通用标记语言下的一个应用）文档中去执行，执行效率比完全生成 HTML 标记的 CGI 要高许多；PHP 还可以执行编译后代码，编译可以达到加密和优化代码运行，使代码运行更快。

3）ASP.NET

ASP.NET 又称 ASP+，不仅仅是 ASP 的简单升级，而是微软公司推出的新一代脚本语言。ASP.NET 基于 .NET Framework 的 Web 开发平台，不但吸收了 ASP 以前版本的最大优点并参照 Java、VB 语言的开发优势加入了许多新的特色，同时也修正了以前的 ASP 版本的运行错误。

4）Java EE

Java EE（Java Platform，Enterprise Edition，Java 平台企业版）是 Sun 公司推出的企业级应用程序版本，以前称为 J2EE，它能够帮助我们开发和部署可移植、健壮、可伸缩且安全的服务器端 Java 应用程序。Java EE 是在 Java SE 的基础上构建的，它提供 Web 服务、组件模型、管理和通信 API，可以用来实现企业级的面向服务体系结构（Service-Oriented Architecture，SOA）和 Web 3.0 应用程序。

5）Python

Python 是一种面向对象的解释型计算机程序设计语言，纯粹的自由软件，源代码和解释器 CPython 遵循 GPL(GNU General Public License)协议。Python 语法简洁清晰，特色之一是强制用空白符作为语句缩进。在 IEEE 发布 2017 年编程语言排行榜中，Python 高居首位。

1.3.2 Web 数据库

当前比较流行的 Web 数据库主要有 SQL Server、MySQL 和 Oracle。这三种数据库适应性强，性能优异，容易使用，在国内得到了广泛的应用。

1. SQL Server 数据库

SQL Server 是 Microsoft 公司推出的关系型数据库管理系统，具有使用方便可伸缩性好与相关软件集成程度高等优点，可跨越多种平台使用。

2. MySQL 数据库

MySQL 是一种关系型数据库管理系统，采用了双授权政策，分为社区版和商业版。由于其体积小、速度快、总体拥有成本低，尤其是开放源码这一特点，一般中小型网站的开发都选择 MySQL 作为网站数据库。

3. Oracle 数据库

Oracle 是甲骨文公司的一款关系数据库管理系统，在数据库领域一直处于领先地位的产品，是目前世界上流行的关系数据库管理系统。系统可移植性好、使用方便、功能强，适用于各类大、中、小、微机环境。它是一种高效率、可靠性好的、适应高吞吐量的数据库解决方案。

Web 中数据量非常大时使用 Oracle 数据库，中小型应用则使用 MySQ 数据库 L，而 SQL Server 数据库可应用在 Windows 平台中。使用时根据实际需求选择以哪个数据库作为后台数据库。

1.3.3 Web 服务器

Web 服务器是运行及发布 Web 应用的容器，只有将开发的 Web 项目放置到该容器中，才能使网络中的所有用户通过浏览器进行访问。开发 Java Web 应用所采用的服务器主要是与 JSP/Servlet 兼容的 Web 服务器，比较常用的有 Tomcat、Resin、JBoss、WebSphere 和 WebLogic 等。

1.4　Web 程序开发配置介绍

在进行 Web 程序开发应用前,需要将开发环境进行正确的配置,才能高效地进行开发。在搭建开发环境,首先需要安装开发工具包 JDK,然后安装 Web 服务器和数据库。为了提高开发效率,需要安装 IDE(集成开发环境)工具。

1.4.1　JDK 的安装与配置

1. 安装及配置步骤

(1)从 Oracle 官网上下载 JDK,下载界面如图 1-2 所示。

(2)根据 PC 选择对应的版本下载。下载完毕后,安装 JDK,直接按照安装向导的提示安装即可,安装时可以自己选择安装路径。安装过程如图 1-3~图 1-6 所示。

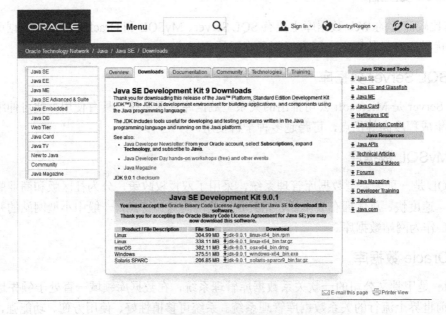

图 1-2　JDK 下载页面

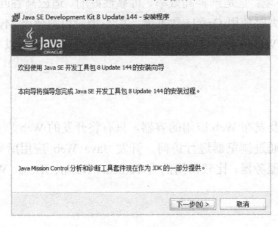

图 1-3　安装向导界面

图 1-4 安装路径

图 1-5 安装进度

图 1-6 安装成功

(3) 安装完成后,需要进行环境变量的配置,右击"我的电脑",单击"属性"→"高级系统设置"就会看到如图 1-7 所示界面。

(4) 单击"环境变量"按钮,进行环境变量的配置。

① 单击图 1-8 中"系统变量"下面的"新建"按钮,输入变量名"JAVA_HOME"(代表

完成的 JDK 安装路径),"值"对应的是 JDK 的安装路径,如图 1-9 所示。

图 1-7　高级系统设置

图 1-8　系统环境变量配置

② 继续新建变量 CLASSPATH,变量值为".;%JAVA_HOME%\lib\dt.jar;%JAVA_HOME%\lib\tools.jar;"此处需要注意变量值最前面有一个英文状态下的小圆点和分号,结尾也有分号,如图 1-10 所示。

图 1-9　新建用户变量 JAVA_HOME

图 1-10　新建用户变量 CLASSPATH

③ 在系统变量里面找到变量名是"PATH"的变量,需要在它的值域里面追加一段如下的代码:

%JAVA_HOME%\bin;%JAVA_HOME%\jre\bin;

此时是在原有的值域后面追加,记得在原有的值域后面添加一个英文状态下的分号,最后单击"确定"按钮。此时,JDK 的环境变量配置就完成了。

2. 测试配置的环境变量是否正确

(1) 按 Windows+R 键,输入"cmd"命令,进入命令行界面,输入"java –version"命令,出现如图 1-11 所示界面,可以查看安装的 JDK 版本。

图 1-11　查看安装的 JDK 版本

（2）输入"javac"命令可以出现提示信息，如图1-12所示。

（3）输入"java"命令可以出现提示信息，如图1-13所示。

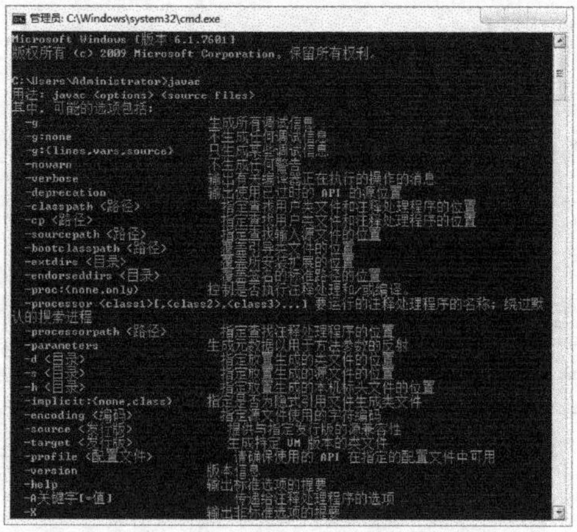

图1-12　javac命令信息 　　　　　　　　图1-13　java命令信息

经过以上命令测试，对应出现相应的命令信息，环境配置完成。

1.4.2　Tomcat的安装与配置

Tomcat是一个免费的开放源代码的Servlet容器，它是Apache软件基金会的一个顶级项目，由Apache、Sun和其他一些公司及个人共同开发而成。由于有了Sun公司的参与与支持，最新的Servlet和JSP规范总是能在Tomcat中的到体现。

1.4.3　HBuilder的下载与使用

HBuilder是DCloud（数字天堂）公司推出的一款支持HTML5的Web开发的集成开发环境。HBuilder的编写用到了Java、C、Web和Ruby。HBuilder本身主体是由Java编写。由于它基于Eclipse，能兼容Eclipse的插件。

1. 下载

在官网 http://www.dcloud.io 上可下载HBuilder的最新版本。目前有两个版本，一个是Windows版，另一个是Mac版。下载时根据自己的计算机配置选择适合的版本。

2. 安装

将下载的压缩包解压缩，单击文件夹中的"HBuilder.exe"文件，即可打开HBuilder软件，不需要单独安装。

3. 使用

HBuilder软件的特点是"快"，编码比其他工具快5倍，可以边改边看，一边写代码，一边看效果，大幅提升了HTML、JS、CSS的开发效率。打开后的工作界面如图1-14所示。

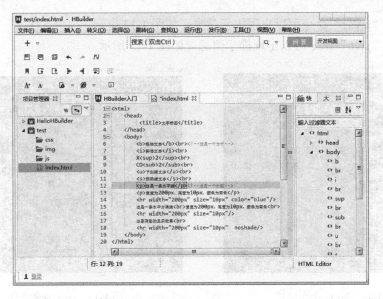

图 1-14 HBuilder 软件工作界面

1）使用 HBuilder 新建项目

依次单击"文件"→"新建"→"Web 项目"[按 Ctrl+N 键,可以触发快速新建(MacOS 请使用 Command+N 键,然后单击"Web 项目")],如图 1-15 所示。

2）输入 Web 项目信息

图 1-16 中,填写新建项目的名称,填写(或选择)项目保存路径(若更改此路径则 HBuilder 会记录,下次默认使用更改后的路径),选择使用的模板(可单击自定义模板,参照打开目录中的 readme.txt 自定义模板)。

3）使用 HBuilder 创建 HTML 页面

在项目资源管理器中选择刚才新建的项目,依次单击"文件"→"新建"→"HTML 文件"[按 Ctrl+N 键,可以触发快速新建(MacOS 请使用 Command+N 键,然后单击"HTML 文件")],并选择"空白文件"模板,如图 1-17 所示。

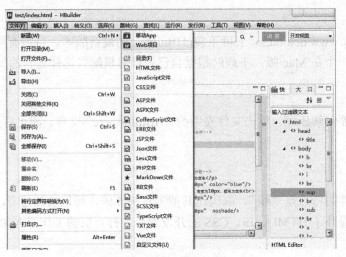

图 1-15 新建 Web 项目

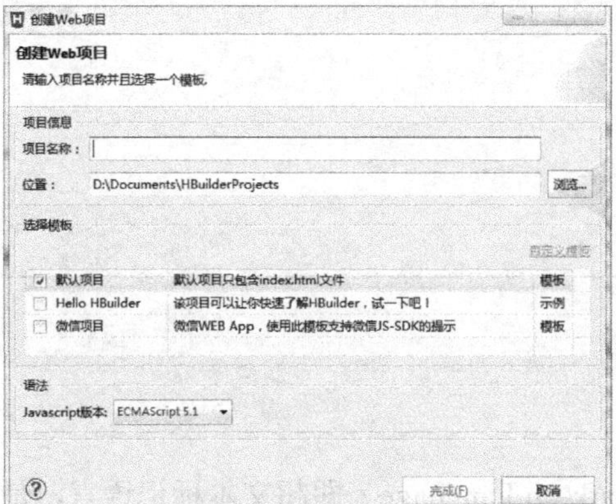

图 1-16　输入 Web 项目信息

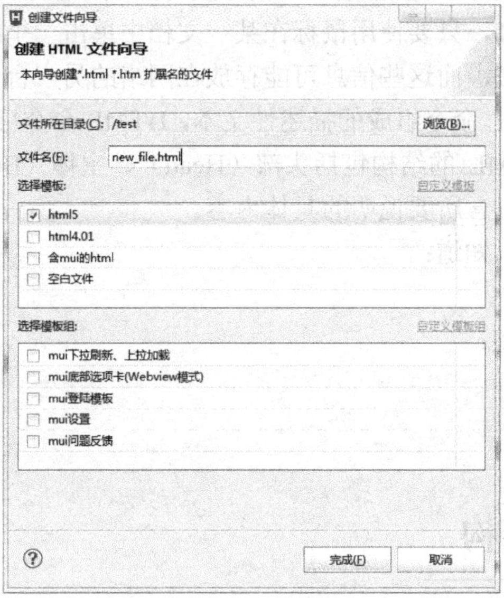

图 1-17　创建 HTML 页面

4）使用 HBuilder 边改边查看编程效果

Windows 系统中按 Ctrl+P 键（MacOS 为 Command+P 键）进入，边改边看模式,在此模式下,如果当前打开的是 HTML 文件，则每次保存均会自动刷新以显示当前页面效果（若为 JS、CSS 文件，如与当前浏览器视图打开的页面有引用关系，则也会刷新）。

更多 HBuilder 软件的使用方法详见其官网。

第 2 章▶▶

HTML 基础

HTML（Hyper Text Mark-up Language）即超文本标记语言，是 WWW 的描述语言。设计 HTML 语言的目的是为了能把存放在一台计算机中的文本或图形与另一台计算机中的文本或图形方便地联系在一起，形成有机的整体，人们不用考虑具体信息是在当前计算机上还是在网络中的其他计算机上。这样，只要使用鼠标在某一文档中单击一个图标，Internet 就会马上转到与此图标相关的内容上去，而这些信息可能存放在网络的另一台计算机中。

HTML 文本是由 HTML 命令组成的描述性文本，HTML 命令可以说明文字、图形、动画、声音、表格、链接等。HTML 的结构包括头部（Head）、主体（Body）两大部分。头部描述浏览器所需的信息，主体包含所要说明的具体内容。

通过本章的学习，可以知道：
- HTML 文档结构；
- HTML 各种常用标签；
- HTML 页面控制；
- HTML 媒体。

2.1 HTML 文档结构

2.1.1 第一个 HTML 文档

HTML 文档到底如何演绎网页内容，它的文档结构又是怎样的？不妨带着这些疑问试着写一个最简单的 HTML 文档来开启学习 HTML 之门。

第一步：新建一个文本文档，单击菜单中的"另存为"，在熟悉路径下（这样保证不会忘记该路径，便于以后经常使用）将文本文档保存成以".html"为扩展名的文件（下面使用"first_page.html"）。

第二步：用"记事本"软件打开 first_page.html 文件，输入以下内容：

```
<html>
    <head>
        <title>我的第一个 HTML 文档</title>
    </head>
    <body>
        欢迎你，我的第一个 HTML 文档!我现在开始学习 HTML,加油哦!
```

```
    </body>
</html>
```

第三步：单击"保存"后关闭用"记事本"软件打开的 first_page.html 文件窗口。
第四步：在保存该文件的路径下，双击该文件，默认会自动用浏览器打开（若无法直接打开该文件，可选择打开文件方式为浏览器）。浏览器显示效果如图 2-1 所示。

图 2-1　显示效果

2.1.2　HTML 文档基本结构

首先来看看 HTML 文件中的代码与网页显示效果的对应关系，如图 2-2 所示。

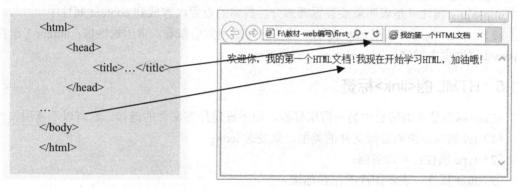

图 2-2　HTML 文档代码与显示效果对应关系

可以看出，HTML 文档均以<html>标签开始，以</html>标签结束。<head>...</head>标签之间的内容用于描述页面的头部信息，如页面的标题、作者、摘要、关键词、版权、自动刷新等信息。在<body>...</body>标签之间的内容即为页面的主体内容。

2.1.3　HTML 文档头部信息

head 元素（包含<head>和</head>标签）是所有头部信息的容器，其内可包含<base>、<link>、<meta>、<script>、<style>和<title>标签，如表 2-1 所示。

表 2-1　头部标签

标　　签	描　　述
<base>	定义页面中所有链接的默认地址或默认目标
<link>	定义文档与外部资源的关系
<meta>	定义关于 HTML 文档的元信息，如用于查询的关键词、获取该文档的有效期等
<script>	定义客户端脚本
<style>	定义文档的样式信息
<title>	定义显示在浏览器左上方的标题内容

2.1.4　HTML 的<meta>标签

<meta>标签是头部信息中的常用标签，用于定义 html 文档的元数据，即描述网页本身的信息。<meta>标签有以下常用属性。

（1）charset:设置文档的字符集编码格式。HTML5 中设置字符集编码如下：

```
<meta charset= "UTF-8">
```

常见的字符集编码格式有以下几种。

① GB-2312：国标码，简体中文；

② GBK：扩展的国标码；

③ UTF-8：万国码 Unicode。

（2）http-equiv：将我们的信息写给浏览器看，让浏览器按照这里面的要求执行，可选属性值：Content-Type（文档类型）、refresh（网页定时刷新）、set-cookie（设置浏览器 cookie 缓存），需要配合 content 属性使用。

http-equiv 属性只是表明需要设置哪部分，具体的设置内容放到 content 属性中。

（3）name：使用方法同 http-equiv，将信息写给搜索引擎看。常用属性值：author（作者）、keywords（网页关键字）、description（网页描述）。

2.1.5　HTML 的<link>标签

<link>标签是头部信息中另一常用标签，用于设定外部文件的链接。它有以下常用属性。

（1）rel 属性：声明链接文件的类型，此处选 icon；

（2）type 属性：可以省略；

（3）href 属性：表示图片的路径地址。

2.1.6　HTML 文档主体内容

body 元素（包含<body>和</body>标签）内包含了 html 文档的主体内容（如文本、超链接、图像、表格和列表等），也就是用户可以看到的内容。

为了有更好的表达效果，需对主体内容进行相应的设置，也就需要对 body 元素进行自身属性设置，如定义页面文字的颜色、背景的颜色、背景的图像等，这些属性如表 2-2 所示。

表 2-2　body 元素的属性

属　　性	描　　述
bgcolor	设置背景颜色
background	设置背景图片
text	设置文本颜色
link	设置未访问过的超链接颜色
vlink	设置已访问过的超链接颜色
alink	设置鼠标单击超链接时的颜色
leftmargin	设置左边距
rightmargin	设置右边距
topmargin	设置上边距
bottommargin	设置下边距

2.2 文本样式

2.2.1 文本标签

1．文本样式标签

为了有更好的显示效果，常常要在一个网页中使用文本标签<font>对文本字体、字体颜色、字号进行设置。格式如下：

```
<font face="字体" color="字体颜色" size="字号">
```

由于在网页中，文本的内容比较多，若对每部分文字都进行这样的设置，则效率低下且不易统一修改，因此，在实际应用中，常会使用到样式而取代它。

2．文本修饰标签

在有些时候，还需要使用到加粗等标签来修饰文本，可以起到更好的显示效果。常用的文字修饰标签如表 2-3 所示。

表 2-3　常用的文字修饰标签

标　　签	描　　述
<b>	规定粗体文本
<i>	显示斜体文本效果
<sup>	定义上标文本
<sub>	定义下标文本
<u>	为文本添加下画线
<s>	标记删除线文本，HTML5 中不支持

2.2.2 常见块级标签

（1）<h1></h1>...<h6><h6>：标题标签，自动加粗，h1 最大，h6 最小。
（2）<hr/>：水平线标签，添加一条水平分隔线，没有结束标签。其属性如表 2-4 所示。

表 2-4　水平线属性

属　　性	描　　述
dir	文本方向
lang	语言信息
class	用一个名称来标记水平线，该标记名称指向一个预定义的类，而该类是在文档级声明的或者在外部定义的样式表
id	为水平线创建一个标记，应用超链接时可以用这个标记来明确地引用该水平线，以便作为样式表选择器或使用其他应用程序来执行自动搜索
style	创建水平线内容的内联样式
title	给水平线加上说明性的文字
align	水平线对齐方式（居左、居中和居右对齐，默认为居中显示）
color	水平线颜色（取值为颜色的英文名称或十六进制值）
noshade	使水平线不出现阴影（默认为空心立体效果）
size	水平线高度（单位只能为像素）
width	水平线宽度（单位为像素或百分比，默认宽度为 100%）

(3) <p></p>：段落标签，格式如下：

<p align="center/left/right">段落</p>

(4)
：换行标签。段落标签行间距比换行标签行间距大，没有结束标签。

(5) <blockquote/></blockquote>：引用标签，cite 属性，表明引用的来源，一般引用网址，浏览器默认首行缩进。

(6) <pre></pre>：预格式标签，保留文字在源代码中的格式，页面中显示的和源代码中的效果完全一致。

(7) html 文件中空格的表示： 。

2.2.3 预格式化标签

<pre>标签可定义预格式化的文本。被包围在其中的文本通常会保留空格和换行符，而文本也会呈现为等宽字体。<pre>标签的一个常见应用就是表示计算机的源代码。

可以导致段落断开的标签（如标题、<p>和<address>标签）绝不能包含在<pre>所定义的块里。尽管有些浏览器会把段落结束标签解释为简单地换行，但是这种行为在各种浏览器上并不都是一样的。

pre 元素中允许的文本可以包括物理样式和基于内容的样式变化，还有链接、图像和水平分隔线。当把其他标签（如<a>标签）放到<pre>块中时，就像放在 HTML 文档的其他部分中一样即可。

2.2.4 特殊符号

有些字符在 HTML 里有特殊的含义，比如，小于符号"<"就表示 HTML 标签的开始，这个小于符号不显示在最终呈现的网页中。若需要用到这个符号，就需要使用 HTML 字符实体。

一个字符实体分成三个部分：首先是一个&符号，然后是实体名字，最后是一个分号。常见的特殊符号对应的字符实体如表 2-5 所示。

表 2-5 特殊符号

显示效果	描 述	实 体 名 称	实体编号
	空格		
<	小于号	&lt;	&#60;
>	大于号	&gt;	&#62;
&	和号	&amp;	&#38;
"	引号	&quot;	&#34;
'	撇号	' (IE 不支持)	&#39;
¢	分	&cent;	&#162;
£	镑	&pound;	&#163;
¥	元	&yen;	&#165;
€	欧元	&euro;	&#8364;
§	小节	&sect;	&#167;
©	版权	&copy;	&#169;
®	注册商标	&reg;	&#174;

续表

显示效果	描述	实体名称	实体编号
™	商标	&trade;	&#8482;
×	乘号	&times;	&#215;
÷	除号	&DIVide;	&#247;

实体名称对大小写敏感。

2.2.5 注释

页面中可以加入相关的注释语句，便于源代码编写者对代码的检查与维护。这些注释语句不会出现在浏览器的显示中。注释语句有两种：一种使用<comment>...</comment>，省略号位置的内容即为注释内容；另一种是<!--....-->，省略号位置的内容即为注释内容。格式如下：

```
<!--这是一段注释-->
<p>这是一个段落。</p>
<!--记得在此处添加信息-->
```

2.2.6 本节综合实例

将前面的讲解综合起来，编写如下代码：

```
<html>
    <head>
        <title>文字标签</title>
    </head>
    <body>
        <b>粗体文本</b><br><!--这是一个分行-->
        <i>斜体文本</i><br>
        X<sup>2</sup><br>
        CO<sub>2</sub><br>
        <u>下画线文本</u><br>
        <s>删除线文本</s><br>
        <p>这是一条水平线</p><!--这是一个分段-->
        <p>宽度为 200px，高度为 10px，颜色为蓝色</p>
        <hr width="200px" size="10px" color="blue"/>
        这是一条水平分隔线<br>宽度为 200px，高度为 10px，颜色为蓝色<br>
        <hr width="200px" size="10px"/>
        这是阴影的显示效果<br>
        <hr width="200px" size="10px"  noshade/>
    </body>
</html>
```

最终的显示效果如图 2-3 所示。

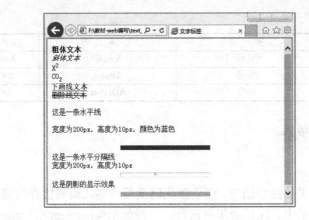

图 2-3　显示效果

2.3　列表

在 HTML 页面中，列表可以起到提纲挈领的作用。列表分为两种类型：一种是无序列表，用项目符号来标记无序的项目；另一种是有序列表，使用编号来记录项目的顺序。

2.3.1　无序列表

1. 实例

编写如下代码：

```
<html>
<body>
<h4>一个无序列表：</h4>
<ul>
    <li>苹果</li>
    <li>香蕉</li>
    <li>梨子</li>
</ul>
</body>
</html>
```

显示效果如图 2-4 所示。

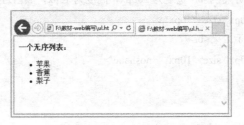

图 2-4　无序列表显示效果

2. 什么是无序列表

无序列表是一个项目的列表，使用无序的项目符号（典型的小黑圆圈）进行标记。

无序列表开始于<ul>标签，结束于</ul>标签。每个列表项都开始于<li>标签，结束于</li>标签。列表项内部可以使用段落、换行符、图片、链接以及其他列表等。

3. 无序列表 type 属性

无序列表 type 属性如表 2-6 所示。

表 2-6 无序列表 type 属性

值	描 述
disc	●（默认）
circle	○
square	□

2.3.2 有序列表

1. 实例

编写如下代码：

```
<html>
<body>
<ol>
  <li>咖啡</li>
  <li>牛奶</li>
  <li>茶</li>
</ol>

<ol start="50">
  <li>咖啡</li>
  <li>牛奶</li>
  <li>茶</li>
</ol>
</body>
</html>
```

显示效果如图 2-5 所示。

图 2-5 有序列表显示效果

2．什么是有序列表

有序列表使用编号而不是项目符号来编排项目。列表中的项目采用数字或英文字母开头，通常个项目间有先后的顺序。

无序列表开始于<ol>标签，结束于</ol>标签。每个列表项都开始于<li>标签，结束于</li>标签。列表项内部可以使用段落、换行符、图片、链接以及其他列表等。

3．有序列表的 type 属性

在有序列表默认情况下，使用数字序号作为列表的开始，可以通过 type 属性将有序列表的类型设置成英文或罗马数字，如表 2-7 所示。

表 2-7 有序列表 type 属性

值	描 述
1	数字 1、2、3、…
a	小写字母 a、b、c、…
A	大写字母 A、B、C、…
i	小写罗马数字 i、ii、iii、…
I	大写罗马数字 I、II、III、…

4．有序列表的 start 属性

在默认情况下，有序列表从数字 1 开始计数，这个起始值可通过 start 属性调整，且英文字母和罗马数字的起始值也可通过 start 属性调整。

2.4 表格

表格由 <table> 标签来定义。每个表格均有若干行（由 <tr> 标签定义），每行被分割为若干单元格（由 <td> 标签定义）。字母 td 指表格数据（table data），即数据单元格的内容。数据单元格可以包含文本、图片、列表、段落、表单、水平线、表格等。

2.4.1 表格基本语法

1．实例

编写如下代码：

```
<html>
<body>
<p>每个表格由 table 标签开始。</p>
<p>每个表格行由 tr 标签开始。</p>
<p>每个表格数据由 td 标签开始。</p>
<h4>一列：</h4>
<table border="1">
    <tr>
```

```
            <td>100</td>
        </tr>
</table>
<h4>两行三列：</h4>
<table border="2">
    <tr>
        <td>100</td>
        <td>200</td>
        <td>300</td>
    </tr>
    <tr>
        <td>400</td>
        <td>500</td>
        <td>600</td>
    </tr>
</table>
</body>
</html>
```

显示效果如图2-6所示。

图 2-6 表格的显示效果

2. 表格基本语法

表格是网页布局的常用工具。格式如下：

```
<table>
 <tr>
    <td> </td>
    <td> </td>
    <td> </td>
```

```
</tr>
</table>
```

<table>标签代表表格的开始，<tr>标签代表行开始，<td>和</td>标签之间为单元格的内容。一个表格可以有多个<tr>和<td>标签，分别代表多行和多个单元格。

3．表格属性

常用的表格属性如表 2-8 所示。

表 2-8　常用的表格属性

属　性	描　　述
border	表格的边框属性，用来定义边框线的宽度，单位为像素
width	表格的宽度属性，单位为像素或百分比
height	表格的高度属性，单位为像素或百分比
bgcolor	表格的背景颜色
bordercolor	表格的边框颜色
background	表格的背景图像
cellspacing	单元格间距
cellpadding	单元格边距
align	表格的水平对齐属性，分为居左（left）、居中（center）、居右（right）

2.4.2　表格的常用标签

在 HTML 文档中，表格中会使用到一些常用的标签来设置表格，如表 2-9 所示。

表 2-9　表格常用的标签

标　签	描　　述
<table>	定义表格
<caption>	定义表格标题
<th>	定义表格的表头
<tr>	定义表格的行
<td>	定义表格单元
<thead>	定义表格的页眉
<tbody>	定义表格的主体
<tfoot>	定义表格的页脚
<col>	定义用于表格列的属性
<colgroup>	定义表格列的组
<table>	定义表格

2.4.3　表格的标题与表头

在 HTML 文档中，可以通过标签自动为表格添加标题。另外，表格的第一行成为表头，也是通过 HTML 标签来实现的。

1．表格的标题

通过<caption>标签可以直接添加表格的标题，而且可以控制标题文字的排列属性。格式如下：

```
<table>
    <caption>…</caption>
</table>
```

表格标题有以下两个常用的属性。

(1) 表格标题的水平对齐属性 align：默认情况下，表格的标题水平居中，可以通过本属性设置标题文字的水平对齐方式，分为居左（left）、居中（center）、居右（right）。

(2) 表格标题的垂直对齐属性 valign：默认情况下，表格的标题放在表格的上方，可以通过本属性设置标题文字的垂直对齐方式，分为放在表格的上方、下方。

2．表格的表头

表头是指表格的第一行，使用 \<th\> 标签进行定义。大多数浏览器会把表头显示为粗体居中的文本。

编写如下代码：

```
<html>
<body>
<table border="1" cellspacing="0" bordercolor="blue">
    <caption>学生信息表</caption>
    <tr bgcolor="grey">
    <th>学号</th>
    <th>姓名</th>
    <th>性别</th>
    <th>籍贯</th>
    </tr>

    <tr align="center">
        <td>41601122</td>
        <td>张山</td>
        <td>男</td>
        <td>山东烟台</td>
    </tr>
    <tr align="left">
        <td>41601123</td>
        <td>李思</td>
        <td>女</td>
        <td>四川成都</td>
    </tr>
</table>
</body>
</html>
```

显示效果如图 2-7 所示。

图 2-7　表头的显示效果

2.4.4　<tr>、<td>、<th>标签的属性

1．设置行属性

表格中<tr>标签的属性如表 2-10 所示。

表 2-10　<tr>标签的属性

属　　性	描　　述
align	行内容的水平对齐方式
valign	行内容的垂直对齐方式
bgcolor	行的背景颜色
bordercolor	行的边框颜色
background	行的背景图像
bordercolorlight	行的亮边框颜色
bordercolordark	行的暗边框颜色

2．设置单元格属性

表格中<td>、<th>标签的属性如表 2-11 所示。

表 2-11　<td>、<th>标签的属性

属　　性	描　　述
align	单元格内容的水平对齐方式
valign	单元格内容的垂直对齐方式
bgcolor	单元格的背景颜色
bordercolor	单元格的边框颜色
background	单元格的背景图像
bordercolorlight	单元格的亮边框颜色
bordercolordark	单元格的暗边框颜色
width	单元格的宽度属性，单位为像素或百分比
height	单元格的高度属性，单位为像素或百分比
rowspan	单元格的跨行属性（属性值为单元格所跨行数）
colspan	单元格的跨列属性（属性值为单元格所跨列数）

当表格属性与行/列属性冲突时，行/列属性优先级高。

2.4.5 本节综合实例

将前面的讲解综合起来，编写如下代码：

```html
<html>
<body>
<h4>录入成绩</h4>
    <table align="center" border="1" background="/pic/win10_logo.jpg">
        <tr bgcolor="green">
            <th rowspan="2">学号</th><!--横跨两行-->
            <th colspan="3">成绩组成</td><!--横跨三列-->
        </tr>
        <tr>
            <td>出勤</td>
            <td>作业</td>
            <td>期末考试</td>
        </tr>
        <tr align="center">
            <td>41601122</td>
            <td>10</td>
            <td>25</td>
            <td>50</td>
        </tr>
        <tr align="right">
            <td>41601123</td>
            <td>9</td>
            <td>24</td>
            <td>55</td>
        </tr>
    </table>
</body>
</html>
```

最终的显示效果如图 2-8 所示。

图 2-8　显示效果

从代码和显示效果对比来看,尽管在表格中设置了背景图片,在行中设置了背景颜色,但由于行/列属性优先级高于表格属性,所以背景图片未能显示出来。

2.5 超链接

超链接是一种允许同其他网页或站点之间进行链接的元素。它可以实现从一个网页指向一个目标的链接关系,这个目标可以是另一个网页,也可以是相同网页上的不同位置,还可以是一个图片、一个电子邮件地址、一个文件,甚至是一个应用程序。而在一个网页中用来超链接的对象,可以是一段文本或一个图片。当浏览者单击已经链接的文字或图片后,链接目标将显示在浏览器上,并且根据目标的类型打开或运行。

当鼠标指针移动到网页中的某个链接上时,箭头会变为一只小手。要建立这样的超链接,可以通过使用<a>标签在 HTML 中创建。

有以下两种使用<a>标签的方式。
(1)通过使用<a>标签的 href 属性:创建指向另一个文档的链接。
(2)通过使用<a>标签的 name 属性:创建文档内的书签。

2.5.1 实例

1. 文本链接

文本链接是超链接中最常见的一种链接,给文本加上超链接,可以实现跳转网页的效果。文本链接的 HTML 语法格式如下:

```
<a href="">超链接的文本</a>
```
href 属性规定链接的目标,开始标签和结束标签之间的文本被作为超链接来显示。

以下代码的效果是当鼠标指向"单击访问"时,光标变成手形,单击后,跳转到"http://www.sina.com.cn"网页。

```
<a href="http://www.sina.com.cn/">单击访问</a>
```

<a> 标签除了 href 属性外,还有其他的属性,如表 2-12 所示。

表 2-12 <a>标签的属性

属性	描述
href	制定链接地址
name	给链接命名
title	给链接提示文字
target	制定链接的目标窗口

文本链接还有更多的形式。例如:
(1)下载目标为某压缩包:

```
<a href="xx.zip">下载</a>
```

（2）发送电子邮件到指定电子邮箱：

```
<a href="mailto:123456789@qq.com.cn">发送电子邮件</a>
```

（3）返回页面顶部：

```
<a href="#">返回顶部</a>
```

（4）链接到 JavaScript：

```
<a href="javascript:...">JS 功能</a>
```

2. 图片链接

图片链接是超链接中另一种较为常用的链接，创建的方法和文本链接基本相同，只需要将文本换成图片标签即可。格式如下：

```
<a href=" "><img src="URL"/></a>
```

3. 锚点链接

锚点链接可以实现链接到当前网页中的任意位置，前提是需要设置锚点来标记这个位置。当页面中的内容较多时，用户在页面的某个小标题上设置锚点链接即可实现在同一网页中的快速跳转。

在 html 中设置锚点定位有以下几种方法。

（1）使用 id 定位。例如：

```
<a href="#1F" name="1F">锚点 1</a>
<DIV name="1F">
<p>指向锚点 1 链接</p>
</DIV>
```

这样的定位可以针对任何标签。

（2）使用 name 定位。例如，先创建一个命名锚记：

```
<a name="5F">第五段内容</a>
```

然后在链接中指向这个锚记，注意要在其名前加上#。

```
<a href="#5F">第五段</a>
```

单击带有命名锚记的连接时，会直接跳转到指定的锚点位置。

使用 name 属性只能针对 a 标签来定位，而对<DIV>等其他标签就不能起到定位作用。

（3）使用 JS 定位。例如：

```
<li class="" onclick="javascript:document.getElementById('here').scrollIntoView()"></li>
```

4. 链接的目标属性

链接的目标属性（target）是指用何种方式打开超链接，共有五种属性值，如表 2-13 所示。

表 2-13 链接的目标窗口属性

属 性	描 述
_blank	浏览器总在一个新打开、未命名的窗口中载入目标文档
_self	这个目标的值对所有没有指定目标的<a>标签是默认目标，它使得目标文档载入并显示在相同的框架或者窗口中作为源文档。这个目标是多余且不必要的，除非和文档标题<base>标签中的 target 属性一起使用
_parent	这个目标使得文档载入父窗口或者包含来超链接引用的框架的框架集。如果这个引用是在窗口或者在顶级框架中，那么它与目标 _self 等效
_top	这个目标使得文档载入包含这个超链接的窗口，用 _top 目标将会清除所有被包含的框架并将文档载入整个浏览器窗口
framename	在指定的框架中打开被链接文档

这些 target 属性值都以下画线开始。任何其他用一个下画线作为开头的窗口或目标都会被浏览器忽略。因此，不要将下画线作为文档中定义的任何框架 name 或 id 的第一个字符。

5. 链接的注释

链接的注释属性（title）是指，当鼠标放置链接上时，稍后会出现一行提示文字。例如：

<a href="" title="欢迎访问我校网站">http://www.tfswufe.edu.cn/</a>

2.5.2 超链接路径

在了解超级链接路径之前，需要先了解一下链接的分类。链接分为内部链接和外部链接，内部和外部是相对于站点文件夹而言。如果链接指向站点文件夹内的某个文件，如一个 HTML 文件，那么就是内部链接，反之则为外部链接。在添加外部链接的时候，需要使用到 URL 统一资源定位符，如 "http://" 来定位网络资源，也可使用其他的 URL 格式，如表 2-14 所示。

表 2-14 URL 的格式

服务	URL 地址	描 述
www	http://	进入万维网站点
ftp	ftp://	进入文件传输服务器
news	News://	启动新闻讨论组
telnet	telnet://	启动 telnet 方式
gopher	gopher://	访问一个 gopher 服务器
emali	mailto://	启动邮件

1. 绝对路径

绝对路径是指文件从最高级目录下开始的且完整的路径。例如 "http://www.baidu.com/img/tu.png"，其中，"http://" 为协议名，"www.baidu.com" 为域名，"img" 为目录，"tu.png" 为具体的文件名。

使用绝对路径时，只要目标文档的物理位置不改变，不论存放在哪个位置都可以找到。但这样不利于网站的测试和迁移。

2. 相对路径

相对路径是指文件的位置是相对于当前文件的位置,可以从当前文件出发找到该文件的路径。它将与当前网页和被链接网页中路径相同的部分省略,留下不同的部分。

下面建立两个 HTML 文档 info.html 和 index.html,要求在 info.html 中加入 index.html 超链接。

(1)相对路径的简单应用。假设 info.html 路径是 c:/Inetpub/wwwroot/sites/blabla/info.html, index.html 路径是 c:/Inetpub/wwwroot/sites/blabla/index.html,表达为:

```
<a href="index.html">这是超链接</a>
```

(2)表示上级目录。../表示源文件所在目录的上一级目录,http://www.cnblogs.com/表示源文件所在目录的上上级目录,以此类推。

假设:info.html 路径是 c:/Inetpub/wwwroot/sites/blabla/info.html,index.html 路径是 c:/Inetpub/wwwroot/sites/index.html,表达为:

```
<a href="../index.html">这是超链接</a>
```

(3)表示上上级目录。假设 info.html 路径是 c:/Inetpub/wwwroot/sites/blabla/info.html, index.html 路径是 c:/Inetpub/wwwroot/sites/wowstory/index.html,表达为:

```
<a href="../wowstory/index.html">index.html</a>
```

(4)表示下级目录。引用下级目录的文件,直接写下级目录文件的路径即可。假设 info.html 路径是 c:/Inetpub/wwwroot/sites/blabla/info.html,index.html 路径是 c:/Inetpub/wwwroot/sites/blabla/html/index.html,表达为:

```
<a href="html/index.html">这是超链接</a>
```

2.6 图像

2.6.1 实例

在网页中显示一些图像,对整个网页的表达效果能起到较好的促进作用,如图 2-9 所示。编写如下代码:

```
<html>
    <body>
        <image style="width:200px;height:200px" src="/pic/win10_logo.jpg">
    </body>
</html>
```

显示的效果如图 2-10 所示。

图 2-9　载入原始图片

图 2-10　显示效果

从原始图片和网页中的显示效果对比看，网页中的图片在宽度上被压缩。代码中的 style 属性设置了宽度和高度，对显示的图片有了一定的限制。代码中图片地址使用了相对路径表达。

2.6.2　图像的常用属性

1．宽度和高度

在页面中，要给图像一个显示空间，就会使用到宽度和高度属性来限定到底有多大的范围来显示图像。宽度和高度的单位可以是像素，也可以是百分比。两者的区别如表 2-15 所示。

表 2-15　图像的宽度和高度属性

属性名称	属性值	说　　明
width	像素	绝对设置，宽
	百分比	相对设置，宽
height	像素	绝对设置，高
	百分比	相对设置，高

在使用的时候，应在 img 元素中出现，语句表达如下：

```
<img src="url" width="" height=""/>
```

2．图像的对齐方式

图像在页面中所处的位置以及与文字相对的位置，需要使用 align 属性来设置，如表 2-16 所示。

表 2-16　图像的对齐方式

属性值	描　　述
top	文字的中间线居于图片上方
middle	文字的中间线居于图片中间
bottom	文字的中间线居于图片底部
left	图片在文字的左侧
right	图片在文字的右侧

3．边框

默认的图片是没有边框的，通过 border 属性可以为图像添加边框线。可以设置边框的宽度,但边框的颜色不可调整。当图像上没有添加链接的时候,边框的颜色为黑色;当图像上添加了链接的时候,边框的颜色和链接文字颜色一致,默认为深蓝色。

在使用的时候,应在 img 元素中出现,语句表达如下:

```
<img src="url" boder="value"/>
```

其中,value 为边框线的宽度,单位为像素。

4. 提示文字

提示文字有两个作用,一是当浏览该网页时,若图像下载完成,鼠标放在该图像上,鼠标旁边就会出现提示文字,用于说明描述图片;二是如果图像没有下载,在图像的位置上会出现提示文字。

在使用的时候,应在 img 元素中出现,语句表达如下:

```
<img src="url" alt="说明或者描述图片的文字"/>
```

5. 水平边距与垂直边距

图像和文字之间的距离是可以调整的,使用 hspace 调整在水平方向上和文字的距离,使用 vspace 调整在垂直方向上和文字的距离。

在使用的时候,应在 img 元素中出现,语句表达如下:

```
<img src="url" hspace="value"/>
<img src="url" vspace="value"/>
```

2.7 表单及控件

表单用于搜集不同类型的用户输入,实现了 Web 与用户的交互。在 HTML 中首先使用表单收集如登录名、密码、Email 等信息,然后将这些信息传递给服务器来处理。表单是信息域的集合,这些信息域有着不同的表现形式,如文本框、单选按钮、下拉框等。

2.7.1 实例

编写如下代码:

```html
<html>
    <body>
        <font color="#191970"><b>用户登录</b></font> <b>User Login</b><br>
        <form>
        用户名:<input type="text" name="username"><br>
        <br>
        密  码:<input type="text" name="password"><br>
        <br>
```

```
            验证码:<input type="text" name="randomcode"><br>
            <br>
            <input type="button" value="提交">
        </form>
    </body>
</html>
```

显示效果如图 2-11 所示。

图 2-11 显示效果

代码中使用<form>标签实现了常见的用户登录界面，其中输入标签<input>用于信息的录入。

2.7.2 表单标签属性

在使用表单标签创建标签时，格式如下：

```
<form name="form_name" method="method" action="URL">...</form>
```

表单标签的属性如表 2-17 所示。

表 2-17 表单标签的属性

属性	描述
name	表单的名称
method	定义表单结果从浏览器传送到服务器的方法，一般有两种方法：get、post
action	定义表单处理程序的位置（绝对路径或相对路径）
onsubmit	指定当前用户单击提交按钮时触发的事件
encoding	返回或设置提交表单时传输数据的编码方式

关于 method 的取值，最常用的是 get 和 post。如果使用 get 方式提交表单数据，则 Web 浏览器会将各表单字段元素及其数据按照 URL 参数格式附在<form>标签的 action 属性所指定的 URL 地址后面发送给 Web 服务器；由于 URL 的长度限制，使用 get 方式传送的数据量一般限制在 1KB 以下。如果使用 post 方式，则浏览器会将表单数据作为 HTTP 请求体的一部分发送给服务器。一般来说，使用 post 方式传送的数据量要比 get 方式传递的数据量大。根据 HTML 标准，如果处理表单的服务器程序不会改变服务器上存储的数据，则应采用 get 方式（如查询）；如果表单处理的结果会引起服务器上存储的数据的变化，则应该采用 post 方式（如增删改操作）。

2.7.3 表单中的标签

1. 单行文本框 <input type="text"/>

input 的 type 属性的默认值就是"text"。格式如下：

<input type = "text" name= "名称" />

以下是单行文本框的主要属性。

（1）size：指定文本框的宽度，以字符个数为单位。在大多数浏览器中，文本框的默认宽度是 20 个字符。

（2）value：指定文本框的默认值，是在浏览器第一次显示表单或者用户单击<input type="reset"/>按钮之后在文本框中显示的值。

（3）maxlength：指定用户输入的最大字符长度。

（4）readonly：只读属性，当设置 readonly 属性后，文本框可以获得焦点，但用户不能改变文本框中的 value。

（5）disabled：禁用，当文本框被禁用时，不能获得焦点，当然，用户也不能改变文本框的值。并且在提交表单时，浏览器不会将该文本框的值发送给服务器。

2. 密码框<input type="password"/>

格式如下：

<input type= "password" name= "名称" />

3. 单选按钮<input type="radio"/>

使用方式：使用 name 相同的一组单选按钮，不同 radio 设定不同的 value 值，这样通过取指定 name 的值就可以知道谁被选中了，不用单独的判断。单选按钮的元素值由 value 属性显式设置，表单提交时，选中项的 value 和 name 被打包发送，不显式设置 value。格式如下：

<input type= "radio" name= "gender" value= "male" />
<input type= "radio" name= "gender" value= "female" />

4. 复选框<input type="checkbox"/>

使用复选按钮组，即 name 相同的一组复选按钮，复选按钮表单元素的元素值由 value 属性显式设置，表达提交时，所有选中项的 value 和 name 被打包发送。

不显式设置 value 时，复选框的 checked 属性表示是否被选中，<input type="checkbox" checked />或<input type="checkbox" checked="checked" />（推荐）checked、readonly 等一个可选值的属性都可以省略属性值。格式如下：

<input type = "checkbox" name= "language" value= "Java" />
<input type = "checkbox" name= "language" value= "C" />
<input type = "checkbox" name= "language" value= "C#" />

5．隐藏域<input type="hidden"/>

隐藏域通常用于向服务器提交不需要显示给用户的信息。格式如下：

```
<input type="hidden"  name="隐藏域"/>
```

6．文件上传<input type="file"/>

使用 file 时，form 的 enctype 必须设置为 multipart/form-data，method 属性为 POST。格式如下：

```
<input name="uploadedFile" id="uploadedFile" type="file" size="60" accept="text/*"/>
```

7．下拉框<select>

<select>标签创建一个列表框，<option>标签创建一个列表项，<select>与嵌套的<option>一起使用，共同提供在一组选项中进行选择的方式。

将一个 option 设置为选中：<option selected>北京</option>或<option selected="selected">北京</option>(推荐方式)就可以将这个项设定为选择项。如何实现"不选择"，添加一个<option value="-1">--不选择--<option>，然后编程判断 select 选中的值如果是−1 就认为是不选择。

<select>分组选项，可以使用 optgroup 对数据进行分组，分组本身不会被选择，无论对于下拉列表还是列表框都适用。

<select>标签加上 multiple 属性，可以允许多选（按 Ctrl 键选择）：

```
<select name="country" size="10">
    <optgroup label="Africa">
        <option value="gam">Gambia</option>
        <option value="mad">Madagascar</option>
        <option value="nam">Namibia</option>
    </optgroup>
    <optgroup label="Europe">
        <option value="fra">France</option>
        <option value="rus">Russia</option>
        <option value="uk">UK</option>
    </optgroup>
    <optgroup label="North America">
        <option value="can">Canada</option>
        <option value="mex">Mexico</option>
        <option value="usa">USA</option>
    </optgroup>
</select>
```

8．多行文本<textarea>、</textarea>

多行文本<textarea>创建一个可输入多行文本的文本框，<textarea>没有 value 属性；

<textarea>文本</textarea>，cols="50"、rows="15" 属性表示行数和列数，不指定则浏览器采取默认显示。格式如下：

```
<textarea name="textareaContent" rows="20" cols="50">多行文本初始显示内容</textarea>
```

9．标签<label>、</label>

在<input type="text">前可以写普通的文本来修饰，但是单击修饰文本时 input 并不会得到焦点，而用<label>则可以使用 for 属性指定要修饰的控件的 id，如<label for="txt1">内容</label>；。注意：要为被修饰的控件设置唯一的 id。

<label>、</label>标签对<input type="radio"/>和<input type="checkbox"/>这两个标签是非常有用的。格式如下：

```
<input type="radio" name="sex" id="male" value="0" checked="checked" /><label for="male">男</lable>
<input type="radio" name="sex" id="fmale" value="1" /><label for="fmale">女</label>
<input type="radio" name="sex" id="secret" value="2" /><label for="secret">保密</label>
```

10．标签<fieldset>、</fieldset>

<fieldset>标签将控件划分一个区域，看起来更整齐。格式如下：

```
<fieldset>
    <legend>爱好</legend>
    <input type="checkbox" value="篮球"/>
    <input type="checkbox" value="爬山"/>
    <input type="checkbox" value="阅读"/>
</fieldset>
```

11．提交按钮<input type="submit"/>

当用户单击<inputt type="submit"/>提交按钮时，表单数据会提交给<form>标签的 action 属性所指定的服务器处理程序。中文 IE 下默认按钮文本为"提交查询"，可以设置 value 属性修改按钮的显示文本。格式如下：

```
<input type="submit" value="提交"/>
```

12．重置按钮<input type="reset"/>

当用户单击<input type="reset"/>按钮时，表单中的值被重置为初始值。在用户提交表单时，重置按钮的 name 和 value 不会提交给服务器。格式如下：

```
<input type="reset" value="重置按钮"/>
```

13．普通按钮<input type="button"/>

普通按钮通常用于单击执行一段脚本代码。格式如下：

```
<input type="button" value="普通按钮"/>
```

14．图像按钮<input type="image"/>

图像按钮的 src 属性指定图像源文件，它没有 value 属性。图像按钮可代替<input type="submit"/>，而现在也可以通过 CSS 直接将<input type="submit"/>按钮的外观设置为一幅图片。格式如下：

```
<input type="image" src="bg.jpg"/>
```

2.7.4 本节综合实例

将前面的讲解综合起来，编写如下 html 代码：

```html
<html>
    <head>
        <title>问卷调查</title>
    </head>
    <body>
    <form name="" id="form" action="" method="post">
    <table align="center">
    <tr>
        <td>请选择市：</td>
        <td>
        <select>
            <optgroup label="中国">
                <option>四川省</option>
                <option>湖北省</option>
                <option>重庆市</option>
            </optgroup>
            <optgroup label="American">
                <option>California</option>
                <option>Chicago</option>
                <option>New York</option>
            </optgroup>
        </select>
        </td>
    </tr>
    <br>
    <tr>
        <td>请选择性别:</td>
        <td>
        <input type="radio" name="sex" id="male" checked="checked"/><label for="male">男</lable>
        <input type="radio" name="sex" id="fmale"/><label for="fmale">女</label>
        <input type="radio" name="sex" id="secret"/><label for="secret">保密</label>
        </td>
    </tr>
```

```html
            <br>
            <tr>
                <td>请选择爱好:</td>
                <td>
                    <fieldset>
                    <legend>你的爱好</legend>
                    <input type="checkbox" name="hobby" id="basketboll" checked="checked"/><label for="basketboll">打篮球</label>
                    <input type="checkbox" name="hobby" id="run"/><label for="run">跑步</label>
                    <input type="checkbox" name="hobby" id="read" /><label for="read">阅读</label>
                    <input type="checkbox" name="hobby" id="surfing" /><label for="surfing">上网</label>
                    </fieldset>
                </td>
            </tr>
            <br>
            <tr>
                <td> 备注： </td>
                <td><textarea cols="">这里是备注内容</textarea></td>
            </tr>
            <br>
            <tr>
                <td>
                    <input type="submit" value="提交"/>
                    <input type="reset" value="重置"/>
                </td>
            </tr>
        </table>
    </form>
</body>
</html>
```

最终的显示效果如图 2-12 所示。

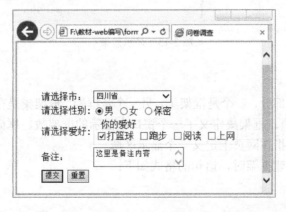

图 2-12 显示效果

2.8 框架

利用框架可以在浏览器指定主窗口中分割出多个子窗口来显示不同的文档信息。每份 HTML 文档称为一个框架，且每个框架都独立于其他的框架。框架可以水平分割，也可以垂直分割，每个框架都可以带有滚动条，可以缩放尺寸。

2.8.1 实例

编写如下代码：

```
<html>
    <frameset cols="25%,75%" bordercolor="#0000FF">
        <frame>
        <frameset rows="50%,50%" framespacing="5px">
            <frame>
            <frame>
        </frameset>
    </frameset>
</html>
```

显示效果如图 2-13 所示。

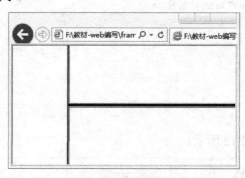

图 2-13　显示效果

2.8.2 框架集标签

框架主要包括两个部分，一个是框架集，另一个是框架。框架集是在一个文档内定义一组框架结构的 HTML 网页。框架集定义了一个窗口中显示的框架数、框架的尺寸、载入到框架的网页等。而框架则是指在网页上定义一个显示区域。

在使用框架标签创建框架时，语句的格式如下：

```
<html>
    <frameset>
        <frame>
        <frame>
```

```
            ...
        <frame>
        </frameset>
</html>
```

在使用了框架集的页面中，不能将<body>、</body>标签与<frameset>、</frameset>标签同时使用。不过，假如添加包含一段文本的<noframes>标签，就必须将这段文字嵌套于<body>、</body>标签内。

1．左右分割窗口属性 cols

cols 属性规定<frameset>中列的尺寸和数量。每个框架的宽度都在逗号分隔列表中的 cols 属性中规定。一旦规定了 cols 属性值的数量，就定义了<frameset>中列的数量。

设置 cols 语句格式如下：

```
<frameset cols="pixels|%|*">
```

其中属性值的含义如表 2-18 所示。

表 2-18　表单标签的属性

属性值	描述
pixels	规定列尺寸，以像素计（如"100px"或"100"），绝对值
%	规定列尺寸，以可用空间的百分比计（比如"50%"），绝对值
*	可用空间的剩余部分将会分配给该列，相对值

2．上下分割窗口属性 rows

框架的上下分割窗口属性 rows 在垂直方向上将浏览器窗口分割成多个窗口，rows 的用法和 cols 相似。

3．嵌套分割窗口

框架可以嵌套，被分割的框架叫父框架，包含的框架为子框架。
以下代码现将框架进行左右分割，然后在右边这个框架中进行上下分割：

```
<html>
        <frameset cols="25%,75%" bordercolor="#0000FF">
        <frame>
        <frameset rows="50%,50%" framespacing="5px">
        <frame>
        <frame>
        </frameset>
        </frameset>
</html>
```

4．框架集边框宽度属性 framespacing

通过 framespacing 属性能够设置框架集的边框宽度。

5. 框架集边框颜色属性 bordercolor

通过 bordercolor 属性能够设置框架集的边框颜色。

2.8.3 框架标签

每个框架都有一个显示的页面，这个页面文件称为框架页面。通过<frame>标签可以定义框架页面的内容。框架的属性如表 2-19 所示。

表 2-19 框架的属性

属性值	描述
src	指示加载的 url 文件的地址
bordercolor	设置边框颜色
frameborder	指示是否显示边框，1—显示边框；0—不显示边框
border	设置边框粗细
name	指示框架名称，是连接标记的 target 所要的参数
noresize	指示不能调整窗口的大小，省略此项时即可调整
scrolling	指示是否有滚动条，auto—根据需要自动出现；yes—有滚动条；no—无滚动条
marginwidth	设置内容与窗口左右边缘的距离，默认为 1

在以下代码中，设置了一个两列的框架集。第一列被设置为占据浏览器窗口的 25%，第二列被设置为占据浏览器窗口的 75%。HTML 文档 frame_a.html 被置于第一列中，而 HTML 文档 frame_b.html 被置于第二列中：

```
<frameset cols="25%,75%">
    <frame src="frame_a.html">
    <frame src="frame_b.html">
</frameset>
```

接下来，分别定义 frame_a.html、frame_b.html 文档。当运行以上代码时，单击框架内链接，会分别显示出指定的 HTML 文档内容。

2.9 HTML5 的 audio 元素

在 HTML 中播放音频并不容易，播放音频的方法有很多种，需要谙熟大量技巧，以确保音频文件在所有浏览器（Internet Explorer、Chrome、Firefox、Safari、Opera）中和所有硬件（PC、Mac、iPad、iPhone）上都能够播放。

2.9.1 播放音频的方法

1. 使用插件

浏览器插件是一种扩展浏览器标准功能的小型计算机程序。插件有很多用途,如播放音乐、显示地图、验证银行账号、控制输入等。可使用<object>或<embed>标签将插件添加到 HTML 页面。

这些标签定义资源（通常非 HTML 资源）的容器，根据类型，它们既会由浏览器显示，也会由外部插件显示。

（1）使用<embed>标签：<embed>标签定义外部（非 HTML）内容的容器。（这是一个 HTML5 标签，在 HTML4 中是非法的，但在所有浏览器中都有效）。

下面的代码片段能够显示嵌入网页中的 MP3 文件：

```
<embed height="100" width="100" src="\music\song.mp3"/>
```

（2）使用<objet>标签：<object tag>标签也可以定义外部（非 HTML）内容的容器。

下面的代码片段能够显示嵌入网页中的 MP3 文件：

```
<object height="100" width="100" data="\music\song.mp3"></object>
```

不管使用哪种方式播放音频，都会出现以下问题：
- 不同的浏览器对音频格式的支持不同。
- 如果浏览器不支持该文件格式，没有插件的话就无法播放该音频。
- 如果用户的计算机未安装插件，则无法播放音频。
- 如果把该文件转换为其他格式，则仍然无法在所有浏览器中播放。

2.9.2 使用 HTML5 的<audio>标签

<audio>标签是一个 HTML5 元素，在 HTML4 中是非法的，但在所有浏览器中都有效。

下面的例子使用了一个 MP3 文件，这样它在 Internet Explorer、Chrome 以及 Safari 中是有效的。为了使这段音频在 Firefox 和 Opera 中同样有效，添加了一个 ogg 类型的文件。如果失败，则会显示错误消息。

```
<audio controls="controls">
    <source src="song.mp3" type="audio/mp3"/>
    <source src="song.ogg" type="audio/ogg"/>
</audio>
```

尽管如此，仍会有以下问题：
- <audio>标签在 HTML4 中是无效的，页面无法通过 HTML4 验证。
- 必须把音频文件转换为不同的格式。
- audio 元素在老式浏览器中不起作用。

2.9.3 更好的音频播放方法

下面的例子使用了两种不同的音频格式。HTML5 的<audio>标签会尝试以 MP3 或 ogg 来播放音频。如果失败，则代码将回退尝试<embed>标签。

```
<audio controls="controls" height="100" width="100">
    <source src="song.mp3" type="audio/mp3" />
    <source src="song.ogg" type="audio/ogg" />
    <embed height="100" width="100" src="song.mp3" />
</audio>
```

尽管如此，还会有以下问题：
- 必须把音频转换为不同的格式。
- <audio>标签无法通过 HTML4。
- <embed>标签无法通过 HTML4。
- <embed>标签无法回退来显示错误消息。

不过相对来看，这样的方法应该是更好的选择。

2.10 HTML5 的 video 元素

同样，在网页上播放视频也不是那么容易，播放的方法也有多种。在音频播放中使用<object>或<embed>标签将插件添加到 HTML 页面的方法同样适用于播放视频，除此之外，还可用<video>标签等方法播放。

2.10.1 使用<video>标签

<video>是 HTML5 中的新标签。<video>标签的作用是在 HTML 页面中嵌入视频元素。
以下 HTML 片段会显示一段嵌入网页的 ogg、MP4 或 WEBM 格式的视频：

```
<video width="320" height="240" controls="controls">
    <source src="movie.mp4" type="video/mp4"/>
    <source src="movie.ogg" type="video/ogg"/>
    <source src="movie.Webm" type="video/Webm"/>
</video>
```

以上方法会出现以下问题：
- 必须把视频转换为很多不同的格式。
- <video>标签在老式浏览器中无效。
- <video>标签无法通过 HTML4 验证。

2.10.2 更好的视频播放方法

使用 HTML 5 + <object> + <embed>的方法，例如：

```
<video width="320" height="240" controls="controls">
    <source src="movie.mp4" type="video/mp4" />
    <source src="movie.ogg" type="video/ogg" />
    <source src="movie.Webm" type="video/Webm" />
    <object data="movie.mp4" width="320" height="240">
        <embed src="movie.swf" width="320" height="240" />
    </object>
</video>
```

上例中使用了四种不同的视频格式。HTML5 的<video>标签会尝试播放以 MP4、ogg 或

WEBM 格式中的一种来播放视频。如果均失败,则回退到<embed>标签。

以上方法会出现:
- 必须把视频转换为很多不同的格式。
- <video>标签无法通过 HTML4 验证。
- <embed>标签无法通过 HTML4 验证。

2.11 HTML5 的 canvas 元素

HTML5 的 canvas 元素使用 JavaScript 在网页上绘制图像。画布是一个矩形区域,可以控制其每个像素。canvas 拥有多种绘制路径、矩形、圆形、字符以及添加图像的方法。

2.11.1 创建 canvas 元素

向 HTML5 页面添加 canvas 元素。规定元素的 id、宽度和高度:

```
<canvas id="myCanvas" width="200" height="100"></canvas>
```

2.11.2 通过 JavaScript 来绘制

canvas 元素本身是没有绘图能力的。所有的绘制工作必须在 JavaScript 内部完成:

```
<script type="text/javascript">
var c=document.getElementById("myCanvas");
var cxt=c.getContext("2d");
cxt.fillStyle="#FF0000";
cxt.fillRect(0,0,150,75);
</script>
```

JavaScript 使用 id 来寻找 canvas 元素:

```
var c=document.getElementById("myCanvas");
```

然后,创建 context 对象:

```
var cxt=c.getContext("2d");
```

getContext("2d") 对象是内建的 HTML5 对象,拥有多种绘制路径、矩形、圆形、字符以及添加图像的方法。

下面的两行代码绘制一个红色的矩形:

```
cxt.fillStyle="#FF0000";
cxt.fillRect(0,0,150,75);
```

fillStyle 方法将其染成红色,fillRect 方法规定了形状、位置和尺寸。

第 3 章

CSS 基础

通过前几章内容的学习，我们已经知道 HTML 网页是由若干标签对象和内容组成，可以利用 HTML 语言快速制作出需要的网页，但是对于一个网页而言，不应该仅仅有功能实现，还要美观大方，如果需要让页面呈现美观以及想要的样式和更好的用户体验，CSS 就是 Web 设计中必不可少的了。CSS 因其强大的表现力现已成为 Web 网页技术中的重要组成部分。

本章将主要介绍 CSS 基础知识，并通过具体的实例来详解使用流程。

通过本章的学习，可以知道：
- CSS 基本语法；
- CSS 的属性和选择符；
- CSS 常用元素。

3.1 CSS 基本概念

3.1.1 什么是 CSS

CSS 是英文单词 Cascading Style Sheets 的缩写，也叫层叠样式菜单，是一种用来表现 HTML 或 XML 等文本样式的计算机语言，主要用于在网页中进行样式的定义。CSS 可以通过控制标签对象的 CSS 宽度、CSS 高度、文字大小、字体、背景来达到我们想要的美化网页的效果。

3.1.2 引入方法

按照 CSS 出现在页面的位置不同，CSS 的使用可以分为三种方法：HTML 元素中直接使用、从页面头部调用、采用链接形式调用。

1. 行内样式

行内样式，就是使用 STYLE 属性在标签中直接使用。在页面中，将 STYLE 属性直接加在个别的元素的标签中，可以实现 CSS 的调用，具体格式如下：

<元件(标签) STYLE="性质(属性)1: 设定值 1; 性质(属性)2: 设定值 2; ..."></标签>

例如：

```
<html
<head><meta charset="utf-8" />
```

```
    <title>CSS 引入方式 1</title>
</head>
    <body>
    <p style="COLOR:blue; font-size:large; font-family:'楷体'; line-height:normal">标签中直接使用</p>
    </body>
</html>
```

运行效果如图 3-1 所示。

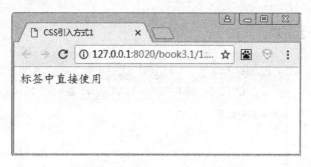

图 3-1　标签引入方式运行效果

可以很直观地看到,字体样式被设置为蓝色、楷体格式大字体。这种用法的优点是可灵活地将应用样式于各标签中,缺点是没有整个文件的统一性,在需要修改样式时变得比较困难。

2. 内嵌式

在页面中,将样式规则写在<style>...</style>标签之中,然后将整个<style>...</style>结构写在网页的<head>、</head>标签之中,具体的格式如下:

```
<style type="text/css">
<!--
样式规则表
-->
</style>
```

例如,下面的代码使用了 STYLE 标签来实现 CSS 的调用:

```
<html>
<head>
    <meta charset="utf-8" />
    <title>CSS 引入方式 2</title>
    <style type = text/css">
        <!--
        .style1{
            color:blue;
            font-size:large;
            font-family:"楷体";
```

```
            }
            -->
</style>
</head>
    <body>
        <p class="style1">页面头部调用</p>
    </body>
</html>
```

运行效果如图 3-2 所示。

图 3-2　头部引入方式运行效果

运行结果中的字体样式被设置为蓝色、楷体格式大字体。这种用法的优点就是在于整个文件样式统一，只要是有声明的元素即会套用该样式规则，缺点是在个别页面元素的灵活度不足，使得网站的功能比较弱。

3. 链接式

将样式规则写在.css 样式文件中，再以<link>标签来实现 CSS 的调用。假设把样式规则存成一个 test.css 文件，只要在网页中加入：

```
<link rel="stylesheet" type="text/css" href="test.css">
```

即可套用该样式。通常是将 link 标签写在网页的<head>、</head>部分之中。例如，外部样式文件 test.css 的主要代码如下：

```
.style1{
    color:blue;
    font-size:large;
    font-family:"楷体"
    }
```

对应的 HTML 文件代码如下：

```
<head>
        <meta charset="UTF-8">
        <title>CSS 引入方式 3</title>
        <link rel="stylesheet" href="test.css" type="text/css"/>
```

```
</head>
<body>
           <p class="style1">使用 link 链接方式引入</DIV>
</body>
```

运行效果如图 3-3 所示。

运行结果中的字体样式也被设置为蓝色、楷体格式大字体。这种用法的优点在于可以把要套用相同样式规则的数个文件都指定到同一个样式文件中，也可以统一修改，便于将网站设置成统一风格；缺点是个别文件或页面元素的灵活度不足，网站功能变弱。

图 3-3 头部引入方式运行效果

4. 导入式

在页面中，还可以使用@import 来实现 CSS 的调用，用法与 link 标签的用法很像，但必须放在<style>...</style> 中。具体用法是将要完成的样式写在.CSS 文件中，然后再使用@import 标签引入，具体使用格式如下：

```
<style type="text/css">
<!—
@import url(引入的样式表文件的路径);
-->
</style>
```

例如：

```
<style type="text/css">
<!—
@import url(test.css);
-->
</style>
```

此例的运行效果与图 3-3 是一致的。注意，url 的行末的分号是绝对不可少的，也可以把@import url(http://yourWeb/ example.css);加到其他样式内调用。

5. CSS 样式优先级

样式的引入方式不同，在页面元素中的调用优先级也是不同的，由于 CSS 是"级联"的，即全局样式规则会一直应用于 HTML，直到有局部样式将其取代为止，一般局部样式优先级高于全局样式。

在页面元素中直接在标签中设置使用的 CSS 样式是最高优先级的样式，其次是页面头部定义的 CSS 样式，最后是使用链接形式调用的样式。

下面通过一个具体的实例来说明样式优先级的使用。本实例包含两个文件，一个是样式文件，另一个是页面文件，其中样式文件 style.css 的代码如下：

```css
p{
    font:"微软雅黑",arial;
    font-size:10px;
    color: #00CCDD;
    background-color: #FF00CC;
}
```

文件 order.html 的主要代码如下：

```html
<html>
    <head>
        <meta charset="utf-8" />
        <title>样式引入优先级示例</title>
        <link href="style.css" type="text/css" rel="stylesheet"/>
        <style type="text/css">
            <!--
            .style1{
                font-family: "times new roman",times;
                font-size: 30px;
                font-weight: bold;
                color: #0099DD;
            }
        </style>
    </head>
    <body>
        <p class="style1">内部样式设置的字体</p>
        <p>外部 css 样式设置的字体</p>
    </body>
</html>
```

运行效果如图 3-4 所示。

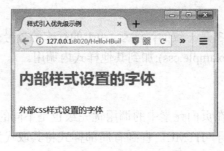

图 3-4 多样式引入运行效果

从运行效果可以看到，如果页面元素同时设置多个样式，并且样式内元素重复，如上例中多种样式都对字体进行了设置，那么最终显示时依照页面元素直接调用的样式，然后再遵循其他样式。

3.2 CSS 选择器

为了能够使用自己需要的样式，必须先在 HTML 文档中定义，定义中经常用到的 CSS 元素是选择器、属性和值，在 CSS 的应用过程中主要格式也是涉及此 3 种元素，CSS 使用的基本格式如下：

```
<style type = "text/css">
<!--
    .选择器{
        属性 1：取值 1；
        属性 2：取值 2；
        …}
--!>
</style>
```

"选择器"指明了{}中的"样式"的作用对象，也就是"样式"作用于网页中的哪些元素，例如：

```
.aa{
    font-family: "微软雅黑","times new roman";
    font-size: 20px;
    font-weight: bold;
    color:#0033FF;
}
```

代码中，选择器名称为 aa，对 font-family、font-size、font-weight、color 样式都进行了设置。

注意：在使用 CSS 时应该遵循如下三个原则：
- 当有多个属性时，属性与属性之间必须用";"隔开。
- 设置的属性必须包含在"{ }"中。
- 如果一个属性有多个值，必须将它们隔开。

3.2.1 选择器定义

选择器即页面样式的名字，是 CSS 中最重要的元素之一，通过选择器可以灵活地对页面样式进行命名处理，选择符可以使用如下几类字符，且 CSS 选择器命名只能以字母开头：
- 大小写英文字母：A~Z、a~z；
- 数字：如 0~9；
- 连字符：-；
- 下画线：_；
- 冒号： ： ；

- 句号：。。

3.2.2 常用选择器

1. 标签选择器

标签选择符是指以网页中已有的标签作为名称的选择符。例如，将 body、DIV、p 等网页标签作为选择符名称，使用此种标签选择器可以更改网页中特定的标签属性。

基本语法格式如下：

```
标签选择器 {
        属性名：属性值；
        …
        }
```

如果需要将文档中所有的<p>标签都使用同一个 CSS 样式，就应使用此种标签选择器，参照如下代码：

```
<html>
    <head>
        <meta charset="utf-8" />
        <title>标签选择器使用示例</title>
        <style type="text/css">
            <!--
            p{
                color: #0033FF;
                font-size: 20px;
            }
            -->
        </style>
    </head>
    <body>
        <p>标签选择器使用示例</p>
    </body>
</html>
```

图 3-5 标签选择器使用运行效果

运行效果如图 3-5 所示。

从上述运行效果可以看出，通过对<p>标签样式的属性进行重新设置，修改了文本显示效果，字体颜色是蓝色，大小为 20px。

2. ID 选择器

根据 DOM 文档对象模型原理所出现的选择器，ID 选择器一般用来识别网页的特殊部分，如横幅、导航栏、横幅、版权等。ID

选择器名前用#表示，然后在 HTML 中调用，调用方式是 id= "名称"，在现有的网页中，可以针对不同的用途进行随意命名。

基本语法格式如下：

```
#id 选择器名{
        属性名：属性值;
        …
        }
```

例如，下述是一段设置文本字体样式、字号大小、字体加粗、颜色的代码：

```
<html>
    <head>
        <meta charset="utf-8" />
        <title>ID 选择器使用示例</title>
        <style type="text/css">
            <!--
            #aa{
                font-family: "times new roman",times;
                font-size: 20px;
                font-weight: bold;
                color: #0099DD;
            }
            -->
        </style>
    </head>
    <body>
        <p id="aa">这是一个使用 ID 选择器的示例</p>
        <p>默认字体效果</p>
    </body>
</html>
```

运行效果如图 3-6 所示。

可以运行查看两行文本显示对比效果，第一行是使用选择器 aa 样式的字体，20 像素、蓝色加粗字体样式，第二行是使用默认样式显示的字体。

注意：ID 选择器定义前面必须标记"#"，且 ID 选择器不允许在一个 HTML 文件使用多个标记。

3. CLASS 选择器

CLASS 选择器也称类选择器，其功能和 ID 选择符类似，CLASS 是对 HTML 多个标签的一种组合。CLASS 选择器可以在 HTML 页面中使用 class="名称"进行样式调用，如果希望同一个标签在

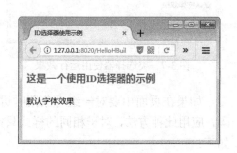

图 3-6　ID 选择器使用运行效果

不同的位置显示不同的样式，就可以使用类选择器。

基本语法格式如下：

```
.class 选择器名称{
            属性名：属性值;
            …
            }
```

例如，设置如下类选择器样式代码：

```html
<html>
    <head>
        <meta charset="utf-8" />
        <title>类选择器使用示例</title>
        <style type="text/css">
            <!--
            .aa{
                font-family: "times new roman",times;
                font-size: 20px;
                font-weight: bold;
                color: #0099DD;
            }
        </style>
    </head>
    <body><p class="aa">这是一个使用类选择器的示例</p>
        <p>默认字体效果</p>
    </body>
</html>
```

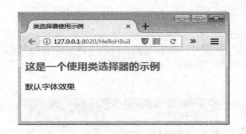

图 3-7　类选择器使用运行效果

运行效果如图 3-7 所示。

可以运行查看两行文本显示对比效果，第一行是使用选择器 aa 样式的字体，20 像素、蓝色加粗字体样式，第二行是使用默认样式显示的字体。

class 标记最大的好处是允许用户充分地自定义且可以被重复使用。

注意：CLASS 选择器之前的"."不能缺少。

4. 群组选择器

如果在页面中要对一组对象同时进行相同的样式设置，则可以使用逗号对选择符进行分隔，应用此种方法，对于相同的样式只需要书写一次，能有效减少代码量。一般使用语法格式如下：

选择器1，选择器2，选择器3，

例如，下述代码使用群组选择器对 HTML 页面的字体进行了设置：

```
<html>
    <head>
        <meta charset="utf-8" />
        <title>群组选择器使用示例</title>
        <style type="text/css">
            <!--
            .aa,DIV,p{
                font-family: "times new roman",times;
                font-size: 20px;
                font-weight: bold;
                color: #0099DD;
            }
        </style>
    </head>
    <body>
        <p class="aa">这是一个使用群组选择器的示例</p>
        <p>p 样式设置字体效果</p>
        <DIV>DIV 设置字体效果</DIV>
    </body>
</html>
```

运行效果如图 3-8 所示。

从运行效果中可以看出，对应第一行文字，使用 aa 样式与使用 DIV、p 样式定义字体是一样的。

5. 包含选择器

包含选择器的主要功能是对某对象中的内部对象的样式进行指定，语法格式如下：

选择器1 选择器2

例如，下述代码使用包含选择器对 body 元素内的 p 元素包含的字体进行了重新设置：

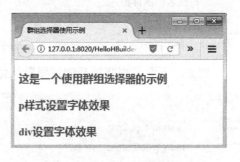

图 3-8　群组选择器使用运行效果

```
<html>
    <head>
        <meta charset="utf-8" />
        <title>包含选择器使用示例</title>
        <style type="text/css">
            <!--
            body p{
                font-family: "times new roman",times;
```

第 3 章　CSS 基础

```
            font-size: 20px;
            font-weight: bold;
            color: #0099DD;}
        </style>
    </head>
    <body>
        <p>这是一个使用包含选择器的示例</p>
    </body>
</html>
```

图 3-9 群组选择器使用运行效果

运行效果如图 3-9 所示。

从运行效果中可以看出，对页面中<P>标签设定内容进行了设定。此种设置方式可以避免过多的 id 和 class 设置，可以直接对元素进行定义。

6. 通用选择器

通用选择器的功能是表示页面内所有元素的样式，可以用到所有 HTML 元素，其基本语法如下：

```
*{
  属性名：属性值；
  …
}
```

例如，下面是想要屏蔽浏览器默认像素边距的代码：

```
*{
    margin-top: 0px;
    margin-left: 0px;
}
```

7. 伪类选择器

进行样式设计时，有时还会需要用文档以外的其他条件来应用元素的样式，如鼠标悬停等，这时可以使用伪类选择器，典型的伪类选择器有如下几种：
- a:link（未访问的链接状态），用于定义了常规的链接状态。
- a:hover（鼠标放在链接上的状态），用于产生视觉效果。
- a:active（在链接上按下鼠标时的状态）。
- a:visited（已访问过的链接状态），可以看出已经访问过的链接。

例如，下面代码是一段设置链接状态的功能语句：

```html
<html>
    <head>
        <meta charset="utf-8" />
        <title>包含选择器使用示例</title>
        <style type="text/css">
            <!--
            a:link{color: black;}
            a:hover{color: yellow;}
            a:active{color: blue;}
            a:visited{color: red;}
            }
        </style>
    </head>
    <body>
        <a href="#">这是一个使用伪类选择器的示例</a>
    </body>
</html>
```

运行效果如图 3-10 所示。

（a）常规链接状态　　　　　　（b）鼠标在链接上的状态　　　　（c）已经访问过的链接的状态

图 3-10　伪类选择器使用运行效果

从运行效果对比看出，通过伪类选择器可以设置不同链接状态时，字体、颜色等属性内容，以区别不同链接状态。

8．选择器优先级

一般来说，上述选择器中，标签选择器速度快，也很容易使用，可以让同一个标签在网页的任何地方看起来都有一样的效果。CLASS、ID 选择器可以单独给网页中的个别元素定义需求样式，更灵活。而通配符选择器是一种能够把标签选择器的简易性及 ID 选择器的精确性结合起来的选择器。

如果存在上述多种选择器同时定义，在页面中直接使用的是 CSS 样式优先级最高的样式，优先级原则如下：

ID 选择器 ＞ CLASS 选择器 ＞标签选择器＞通用优先级

下面通过一个实例来对比各类选择器优先级关系。本实例包含两个文件，分别为 selector.css 和 order.html。以下是 selector.css 文件代码：

```css
.s1{
    background-color: pink;
    font-weight: bold;
    font-size:16px}
#id1{
    background-color: gray;
    font-size: 20px;
    color:pink;}
body{
    color:orange}
a:link{
    color: black;
    text-decoration: none;
    font-size: 24px;
}
a:hover{
    text-decoration: underline;
    font-size: 40px;
    color: green;
}
a:visited{
    color: red;
}
*{
    margin-top: 0px;
    margin-left: 0px;
}
```

该.css 文件中定义了如下几类选择器。

(1) 类选择器: s1,样式为背景为粉红、字体为粗体、大小为 16px。

(2) ID 选择器: id1, 样式为背景色灰色, 大小为 20px, 粉红字体。

(3) 标签选择器: body 元素内颜色是 orange。

(4) 伪类选择器:

① a 超链接 link 设置: 黑色、无下画线、24px。

② a 超链接鼠标移过 hover 设置: 鼠标移过时, 出现下画线、40px、绿色。

③ a 超链接鼠标单击设置: 红色。

在 selector.html 文件中对应代码如下:

```html
<html><head>
        <meta charset="UTF-8">
        <title></title>
        <link rel="stylesheet" href="selector.css" type="text/css"/>        </head>
```

```
        <body>
                <span class="s1">新闻 1</span>
                <span class="s1">新闻 2</span>
                <span id ="id1">这是一则重要新闻</span>
<a href="http:www.baidu.com">连接到百度</a>
<p class="s1" id="id1">段落 1</p>
</body>
</html>
```

运行效果如图 3-11 所示。

(a) 初始运行效果

(b) 鼠标悬停时效果

(c) 鼠标单击后效果

图 3-11　多种选择器使用运行效果

从运行效果可以看出，对文本"新闻 1"和"新闻 2"采用的是类选择器 s1 对应样式，同时，由于字体颜色没有设置时采用的是 body 标签选择器设置颜色 orange，可知 CLASS 选择器优先级高于标签选择器。对文本"这是一则重要新闻"采用 id1 定义样式；对超链接采用定义伪类选择器的样式；对文本"段落 1"有两个选择器，最终效果采用的是 id1 的样式，由此可知 id 选择器优先级大于 CLASS 选择器。

选择器组合使用时需要有如下注意事项：

（1）一个元素可以同时拥有 ID 和 CLASS 选择器，具体采用哪种，由选择器优先级来决定，一般以 id 选择器为准。

（2）一个元素最多只有 1 个 ID 选择器，但是可以有多个类选择器。当有多个类选择器时，以在 CSS 文件中最后定义的样式为准。

在上述 CSS 样式文件 s1 的定义后增加下述语句：

```
.s2{
    background-color: blue;
    font-weight:200;
```

```
        font-size:18px
}
```

对应 HTML 文件中增加下述代码：

```
<p class="s1 s2" >段落 2</p>
<p class="s2 s1" >段落 3</p>
```

图 3-12　多种选择器使用运行效果

运行效果如图 3-12 所示。

从运行效果可以看出，文本"段落 2"和"段落 3"均采用类选择器 s2 定义的样式，因为该样式定义后于 s1 的定义。

（3）选择器设置为父子关系时，即如果一个标记被包含在另一个标记中，则它将首先继承另一个标记的属性，如果标记本身也设置了属性，则单独显示本身特有的属性。

3.3　常用 CSS 属性

CSS 属性是 CSS 在设置中最为重要的内容之一，属性的熟练掌握直接影响页面的显示效果。本节主要介绍 CSS 中常用的属性以及对应属性值。

3.3.1　字体属性

文字是网页中重要的元素之一，网页中绝大部分信息都是通过文字来传递的，因此，文字字体的属性设置是非常重要的。常见的字体属性如表 3-1 所示。

表 3-1　CSS 常用字体属性

属　性	作　用　描　述	取　值
font-family	用于指定使用什么字体，给出字体名称	宋体、楷体等，使用逗号隔开多种字体。系统中有对应字体，则选择第一个；没有，则选择后面
font-style	用于规定字体风格	normal：文本正常显示； italic：文本斜体显示； oblique：文本倾斜显示
font-variant	用于规定字体大小写	normal：文本正常显示； small-cap：文本大小与小写字母一样,样式是大写
font-weight	用于设置文本的粗细	normal：文本正常显示； bold：粗体； bolder：加粗体； lighter：常规； 100～900：整百（400=normal，700=bold）

续表

属 性	作 用 描 述	取 值
font-size	用于设置字体的大小	默认值：medium； <absolute-size>可选参数值：xx-small、x-small、small、medium、large、x-large、xx-large； <relative-size>相对于父标签中字体的尺寸进行调节。可选参数值：smaller、larger； <percentage>百分比指定文字大小； <length>用长度值指定文字大小，不允许为负值

例如：

```
<html>
    <head>
        <meta charset="utf-8" />
        <style type="text/css">
            <!--
            p{
                font-family: "times new roman","楷体";
                font-size: 20px;
                font-weight: bold;
                color: #0099DD;
            }
            p span{
                font-size:60px;
                }
        </style>
    </head>
    <body>
        <p><span>字</span>体属性</p>
    </body>
</html>
```

运行结果如图 3-13 所示。

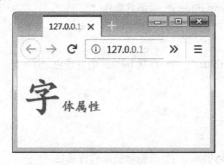

图 3-13　运行效果图

第 3 章　CSS 基础　59

通过设置 p 标记和 span 标记的样式,实现了文字首字母大写的效果。

3.3.2 颜色和背景属性

在 CSS 属性设置中,颜色和背景属性的选择是多样化的,可以分开设置,也可以复合设置。常见的颜色和背景属性设置如表 3-2 所示。

表 3-2 CSS 颜色和背景常见属性

属性	作用描述	取值
color	用于定义前景色	HEX,十六进制色:color: #FFFF00,缩写:#FF0; RGB,红绿蓝,使用方式:color:rgb(255,255,0)或 color:rgb(100%,100%,0%));RGBA,红绿蓝透明度,A 是透明度,在 0~1 之间取值。使用方式:color:rgba(255,255,0,0.5);HSL,CSS3 有效,H 表示色调,S 表示饱和度,L 表示亮度,使用方式:color:hsl(360,100%,50%);HSLA,和 HSL 相似,A 表示 Alpha 透明度,在 0~1 之间取值
background-color	用于设置网页背景或文字背景颜色	命名颜色:red、blue 等 HEX 和 RGB 值
background-image	用于设置背景图片	url(图片路径)
background-repeat	用于设置背景图片重复方式	no-repeat:不平铺或重复; repeat-x:水平方向平铺; repeat-y:垂直方向平铺; repeat:铺满页面
background-position	用于设置背景图片位置	top left、top center、top right、left center、center、right center、bottom left、bottom center、bottom right

背景的设置在页面设计中很重要,有时还会利用背景色来对页面进行分块,代码如下:

```
<html>
<head>
    <meta charset="UTF-8">
    <title>利用背景颜色分块</title>
    <style>
    <!--
    body{
     padding:0px;
     margin:0px;
     background-color:cornflowerblue; /* 页面背景色 */
    }
    .topbanner{
     background-color:dodgerblue;   /* 顶端 banner 的背景色 */
    }
    .leftbanner{
     width:22%; height:330px;
     vertical-align:top;
     background-color:deepskyblue;  /* 左侧导航条的背景色 */
     color:#FFFFFF;
```

```
            text-align:left;
            padding-left:40px;
            font-size:14px;
        }
.mainpart{
            text-align:center;
}-->
</style></head>
<body>
<table cellpadding="0" cellspacing="1" width="100%" border="0">
    <tr>
        <td colspan="2" class="topbanner"><img src="img/banner.jpg" border="0" ></td>
    </tr>
    <tr>
        <td class="leftbanner">
            <br><br>首页<br><br>岁月留影
            <br><br>我的博客<br><br>我的日记
        </td>
        <td class="mainpart">正文部分</td>
    </tr>
</table>
</body>
</html></body>
</html>
```

运行效果如图 3-14 所示。

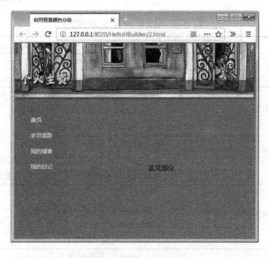

图 3-14 运行效果

上述代码中，通过 table 表格以及不同分块背景颜色，很方便地实现了将页面设置为三个分块：顶部、左部和正文，分别对应 topbanner、leftbanner、mainpart 的效果。

背景色中还可以利用图片来为网页设置背景效果，可以参考下述方法进行设置：

```
body{
    padding:0px;
    margin:0px;
    background-image:url(img/bg1.jpg);        /* 背景图片 */
    background-repeat:repeat-y;               /* 垂直方向重复 */
    background-color:#0066FF;                 /* 背景颜色 */
}
```

上述代码中,设置 body 标记效果是没有填充、没有边框、背景图片为指定图片,图片重复方式是垂直方向,并指定背景颜色。如果要设置水平重复,可以设置 background-repeat:repeat-x;;如果是大图,则不能设置图片重复,指定图片位置即可,可参考如下代码:

```
body{
    padding:0px;
    margin:0px;
    background-image:url(img/bg2.jpg);        /* 背景图片 */
    background-repeat:no-repeat;              /* 不重复 */
    background-position:bottom right;         /* 背景位置,右下 */
    background-color:#eeeee8;
}
```

3.3.3 文本属性

在 CSS 属性设置中,文本属性可以用于定义文本的外观,如改变文本的字符间距、对齐文本方式、文本缩进等。常见文本属性如表 3-3 所示。

表 3-3 CSS 常见文本属性

属性	作用描述	取值
text-align	文本的水平对齐方式	left、center、right
text-indent	文本缩进	使用像素、cm 或百分比来设定
text-transform	文本大小写	capitalize:文本中的每个单词都以大写字母开头; uppercase:定义仅有大写字母; lowercase:定义仅有小写字母
text-overflow	设置文本溢出样式	clip:修剪文本; ellipsis:显示省略符号...来代表被修剪的文本; string:使用给定的字符串来代表被修剪的文本
text-decoration	设置文本的装饰	none:默; underline:下画线; overline:上画线; line-through:中线
white-space	设置元素中空白的处理方式	normal:默认处理方式; pre:保留空格,当文字超出边界时不换行; nowrap:不保留空格,强制在同一行内显示所有文本,直到文本结束或者碰到
标签; pre-wrap:保留空格,当文字碰到边界时换行; pre-line:不保留空格,保留文字的换行,当文字碰到边界时换行

续表

属性	作用描述	取值
direction	规定文本的方向	ltr：默认，文本方向从左到右； rtl：文本方向从右到左
line-height	设置文本行高	normal：默认； 使用像素、cm 或百分比来设定
letter-spacing	设置字符间距	使用像素、cm 或百分比来设定
word-spacing	设置单词间距	使用像素、em 或百分比来设定

例如：

```html
<html>
    <head>
        <meta charset="utf-8" />
        <style type="text/css">
            <!--
            p{
                width:600px;
                height: 60px;
                font-family: "times new roman","楷体";
                font-size: 20px;
                font-weight: bold;
                color: #0099DD;
                background-color: #FFAA50;
                white-space: normal; }
            #f1{
                width:600px;
                height: 100px;
                text-decoration: underline;
                letter-spacing: 10px;
                text-align: center;
                background-color: #000000; }
            DIV{
                width:500px;
                height: 60px;
                white-space: nowrap;
                overflow: hidden;
                text-overflow: ellipsis;
            }
        </style>
    </head>
    <body>
        <p>河流不走直路，是因为在前往大海的途中，它会遇到各种障碍，有些还无法逾越，所以只有绕道而行。</p>
```

```
            <p id="f1">人也是如此，遇到挫折，无须悲观失望，不要停滞不前，而是保持平常心，把走
弯路看成是前行的另一种形式。</p>
            <DIV>这样，就可以像蜿蜒的河流一样，最终抵达人生的目标，加油！加油！加油！加油！
</DIV>
        </body>
    </html>
```

图 3-15 运行效果

运行效果如图 3-15 所示。

通过给<p>标签设置段落宽度、高度、字体格式、大小、加粗、前景色、背景色、空白区处理方式达到图 3-15 的效果。

通过设置 ID 选择器设置宽度、高度、文本装饰、字符间隔、文本对齐方式、背景色达到图 3-15 的效果。

通过设置 DIV 标签宽度、高度、空白区处理、文本溢出方式达到图 3-15 的效果。

3.3.4 列表属性

CSS 列表属性允许放置、改变列表项标志，也可将图像作为列表项标志。CSS 常见列表属性如表 3-4 所示。

表 3-4 CSS 常见列表属性

属 性	作用描述	取 值
list-style-type	列表项标志的类型	none：无； decimal-leading-zero：十进制不足 2 位前补 0； square：方框； circle：空心圆； upper-alph：大写英文字母； disc：实心圆
list-style-image	将图像设置为列表项标志	url：图像路径
list-style-position	设置列表项标志的位置	inside：显示在文本之内； outside：显示在文本之外

例如：

```
<html>
    <head>
        <meta charset="utf-8" />
        <style type="text/css">
            <!--
            .l1{list-style-type: decimal-leading-zero;}
            .l2{list-style-image: url(img/HB.png);}
            .l3{list-style-position: inside;
```

```html
                    list-style-type: disc;}
            .l4{list-style-position: outside;
                list-style-type: disc;
            }       -->
        </style>
    </head>
    <body>
    <ul class="l1">
        <li>列表项的标记为十进制整数</li>
        <li>列表项的标记为十进制整数</li>
        <li>列表项的标记为十进制整数</li>
    </ul>
    <ul class="l2">
        <li>列表项的标记为小图标</li>
        <li>列表项的标记为小图标</li>
        <li>列表项的标记为小图标</li>
    </ul>
    <ul class="l3">
        <li>列表项的符号显示在文本之内</li>
        <li>列表项的符号显示在文本之内</li>
        <li>列表项的符号显示在文本之内</li>
    </ul>
    <ul class="l4">
        <li>列表项的符号显示在文本之外</li>
        <li>列表项的符号显示在文本之外</li>
        <li>列表项的符号显示在文本之外</li>
    </ul>
    </body>
</html>
```

运行效果如图 3-16 所示。

图 3-16　运行效果

3.3.5 边框属性

在 CSS 开发中，所有的文档元素都会生成一个由边界、框边等元素组成的矩形框，这个矩形框就是盒模型（box model），它是 CSS 控制页面中一个很重要的概念。CSS 的盒模型结构如图 3-17 所示。

图 3-17　盒模型结构

元素框最内的 CONTENT 部分是实际内容，直接包围内容的是内边距（PADDING 填充部分），内边距的边缘即为边框，边框以外则是外边距，默认透明。有关盒模型的更多详细内容可参见第 4 章。

元素的边框（border）是围绕元素内容和内边距的一条或多条直线，边框的属性如表 3-5 所示。

表 3-5　CSS 边框常见属性

属　　性	作用描述	取　　值
border-style	边框样式	solid：默认，实线； double：双线； dotted：点状线条； dashed：虚线
border-color	边框颜色	命名颜色或是十六进制和 RGB 值
border-width	边框宽度	thin：细边框； thick：粗边框； medium：中等边框（默认）； 十进制整数 px 单位
border-radius	边框圆角	1 个参数：四个角都应用； 2 个参数：第一个参数应用于 左上、右下；第二个参数应用于 左下、右上； 3 个参数：第一个参数应用于 左上；第二个参数应用于 左下、右上；第三个参数应用于右下； 4 个参数：左上、右上、右下、左下（顺时针）
border	边框简写	border:2px yellow solid;
box-shadow	边框阴影	第一个参数是左右位置 第二个参数是上下位置 第三个参数是虚化效果 第四个参数是颜色 box-shadow: 10px 10px 5px #888;

例如：

```html
<html>
    <head>
        <meta charset="utf-8" />
        <style type="text/css">
            <!--
            .b1{border-style: double;
                border-color: green;}
            .b2{border-style: solid;
                border-width: medium;
                border-color: yellow;}
            .b3{border-style: solid;
                border-width: thick;
                border-color: gray;}
            .b4{border-style: solid;
                border-width: thin;
                border-color: pink;}
            --></style>
    </head>
    <body>
        <p class="b1">双线绿色边框</p>
        <p class="b2">中等实线黄色边框</p>
        <p class="b3">中实线灰色边框</p>
        <p class="b4">细实线粉色边框</p>
    </body>
</html>
```

运行效果如图 3-18 所示。

图 3-18　运行效果

3.3.6　图片属性

在网页设计中经常需要插入图片实现直观的效果，网页设计中常用的图片格式有 GIF 和 JPEG 两种，本节将介绍图片样式、图文混排。

1. 图片样式

（1）图片边框：CSS 中可以通过设置边框 border 属性来设置图片的边框。可以通过下述代码来理解图片边框设置效果：

```
<html>
<head>
    <meta charset="UTF-8">
<title>图片边框</title>
<style>
<!--
img.test1{
    border-style:dotted;
    border-color:#FF9900;
    border-width:5px;
}
img.test2{
    border-style:dashed;
    border-color:blue;
    border-width:2px;
}
img.test3{
    border:dashed 2px blue;
}
-->
</style>
    </head>
<body>
    <img src="img/peach.jpg" class="test1">
    <img src="img/peach.jpg" class="test2">
    <img src="img/peach.jpg" class="test3">
</body>
</html>
```

运行效果如图 3-19 所示。

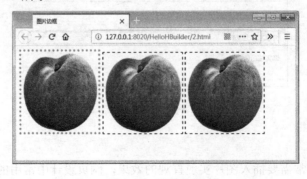

图 3-19 运行效果

从运行效果可以看出，通过不同的样式给图片设置了边框，第一幅图片边框呈点线、橘色、边框较粗，第二、三幅图片显示效果相同，蓝色、虚线、稍细边框。此处 test3 的样式是对于 test2 样式的简化写法。

另外，还可以使用 border-left、border-right、border-top、border-bottom 对边框四周分别设置。

（2）图片缩放：在网页设计中，有时还涉及对于图片的缩放，下面的实例给出了图片的放大和缩小效果：

```html
<html>
<head>
    <meta charset="UTF-8">
<title>图片边框</title>
<style>
<!--
img.test1{
    width:50%;      /*  相对宽度  */
}
img.test2{
    width:100px;    /*  绝对宽度  */
}
-->
</style>
    </head>
<body>
    <img src="img/peach.jpg" class="test1">
<img src="img/peach.jpg" class="test2"></body>
</html>
```

运行效果如图 3-20 所示。

图 3-20　运行效果

通过运行效果可以看出，对于同一幅图片，设置的宽度方式不同显示效果不同，第一幅图片宽度为 50%，是相对于整个父元素宽度的一半，会随着浏览器的缩放自动调整图片宽度；第二幅图片是固定宽度，不会随着浏览器的缩放自动调整图片宽度。

上述方法也同样适用于图片的高度（height）的相对和绝对设置。

2. 图文混排

（1）文字环绕：通过对图、文的分别设置，实现与 Word 图文显示类似的效果。下面是一个具体的实例：

```
<html>
<head>
    <meta charset="UTF-8">
    <title>图文混排</title>
    <<style type="text/css">
    <<!--
    <body{
        background-color:#FFFFFF;
        margin:0px;
        padding:0px;}
    img{
        float:left;}
    p{
        color:red;
        margin:0px;
        padding-top:10px;
        padding-left:5px;
        padding-right:5px;}
    span{
        float:left;                    /* 首字放大 */
        font-size:85px;
        font-family:黑体;
        margin:0px;
        padding-right:5px;}
    <-->
    </style>
</head>
<body>
<img src="img/peach.jpg" border="0">
<p><span>桃</span>蔷薇科、桃属植物。落叶小乔木；叶为窄椭圆形至披针形，长 15 厘米，宽 4 厘米，先端成长而细的尖端，边缘有细齿，暗绿色有光泽，叶基具有蜜腺；树皮暗灰色，随年龄增长出现裂缝；花单生，从淡至深粉红或红色，有时为白色，有短柄，直径 4 厘米，早春开花；近球形核果，表面有毛茸，肉质可食，为橙黄色泛红色，直径 7.5 厘米，有带深麻点和沟纹的核，内含白色种子。</p>
</body>
</html>
```

运行效果如图 3-21 所示。

图 3-21　运行效果

从运行效果及代码可以看出，通过设置图片 float 属性为 left，实现了对于图片和文字混排，效果与常见 Word 文档中的图片设置效果相似。有关 float 属性的详细介绍见 3.3.7 小节。

（2）图片与文字间距设置：可以在图片样式中设置边界距离实现与文字距离，可以在上述代码的 img 样式中增加右边界和下边界距离，实现文字间距设置：

```
img{
    float:left;                 /* 文字环绕图片 */
    margin-right:50px;          /* 右侧距离 */
    margin-bottom:25px;         /* 下端距离 */
}
```

运行效果如图 3-22 所示。

图 3-22　运行效果

从运行效果及代码可以看出，通过给图片设置 margin 边界属性，实现了对图片和文字间距设置，效果与常见 Word 文档中的图片设置效果相似。

3.3.7　定位属性

CSS 定位（position）的基本思想很简单，它允许定义元素框相对于其正常位置应该出现的位置，或者相对于父元素，另一个元素甚至浏览器窗口本身的位置。定位属性值如表 3-6 所示。

表 3-6　CSS 定位属性值

属 性 值	作 用 描 述
absolute	绝对定位，位置不会随网页大小而改变
fixed	是特殊的 absolute，总是以 body 为定位对象，按照浏览器窗口进行定位
relative	相对定位，位置会随网页大小改变而改变
static	无定位，默认设置

元素在网页中的位置是在定位方式和位置（top、bottom、right、left）的共同作用下实现的。位置关系的取值共有三种方式，分别是 auto（自动）、长度值和百分比。

下面通过一个实例来讲解元素在网页中位置的作用，代码如下：

```
<html>
    <head>
                <meta charset="UTF-8">
        <title>CSS 元素定位</title>
        <style type="text/css">
            <!--
            .p1{
                position: absolute;
                border: 2px solid #000000;
                top: 50px;
                left:50px;
                width: 200px;
                height: 100px;
            }-->
        </style>
    </head>
    <body>
        <DIV class="p1">CSS 定位属性</DIV>
    </body>
</html>
```

运行效果如图 3-23 所示。

图 3-23　运行效果

另外，CSS 中首次提出了浮动，浮动属性即 float 属性，可以利用这个属性来创建环绕在周围的效果，如环绕在照片周围，但是当把它应用到一个<DIV>标签上时，浮动就变成了一个强大的网页布局工具。float 属性把一个网页元素移动到网页（或其他包含块）的一边。任何显示在浮动元素下方的 HTML 都在网页中上移，并环绕在浮动周围，可以取值 left、right 或 none，如表 3-7 所示。使用了浮动属性之后，原本需要换行显示的块元素实现了并排的排列效果。

表 3-7 CSS 浮动属性值

属性值	作 用 描 述
left	文本或图像会移至父元素中的左侧
right	文本或图像会移至父元素中的右侧
none	默认。文本或图像会显示于它在文档中出现的位置

CSS 样式表中 clear:both;可以终结在出现它之前的浮动,使用 clear 属性可以让元素边上不出现其他浮动元素,包括四个属性值,如表 3-8 所示。

表 3-8 CSS 终结浮动属性值

属性值	作 用 描 述
left	不允许元素左边有浮动的元素
right	不允许元素的右边有浮动的元素
both	元素的两边都不允许有浮动的元素
none	允许元素两边都有浮动的元素

下面通过一个实例来讲解 float 属性定位的使用,代码如下:

```
<html>
    <head><meta charset="UTF-8">
        <title>CSS 元素定位</title>
        <style type="text/css">
            <!--
.p1{        float: left;
            width: 200px;
            height: 100px;
            background-color: #9999FF;
            }
.p2{        float: left;
            width: 200px;
            height: 100px;
            background-color: #008000;
            }
            -->
        </style>
    </head>
    <body>
        <DIV class="p1">第一个块元素</DIV>
        <DIV class="p2">第二个块元素</DIV>
    </body>
</html>
```

运行效果如图 3-24 所示。

图 3-24 运行效果

课后作业

1. 请详述在 HTML 网页中引入 CSS 样式的四种方式。
2. 请定义一个 ID 选择器，名称为 mystyle，字体设置：20px、黄色、粗体、背景色为黑色。
3. 请使用所学内容实现对于"google"公司 logo 字体的显示设置。
4. 请使用所学 CSS 内容设计一个大学生零用钱调查问卷页面。
5. 请结合所学内容实现十二生肖的图文混排效果页面。

第 4 章

DIV 及 CSS 页面布局

前面章节介绍了 CSS 的常用元素和属性的基本知识，从本章开始，将学习 CSS 页面布局的知识，并通过详细的案例介绍 CSS 布局具体过程。

通过本章的学习，可以知道：
- 网页布局与规划；
- CSS 页面布局；
- CSS 排版。

4.1 网页布局概述

4.1.1 网页布局一般流程

网页布局是指通过对页面需求进行充分考虑后，对页面进行设计规划，确定页面元素和页面内容的显示位置的过程。在当前网页制作技术中，通用的网页制作流程如下。

（1）需求分析：首先根据站点需求和达成目标，确定页面中的显示主题和内容。

（2）资料收集与整理：确定网页功能后，收集并整理相关素材，之后将这些资料进行分类整理，方便进入下一个环节进行具体设计。

（3）页面划分：将页面内容进行分区填充，可以利用可视化软件来实现，之后再进行切换，划分为不同区域。

（4）局部设计：将切换分区后的页面逐一处理，将各个分区内的元素逐一设计，将文字资料等进行分区填充。

（5）样式应用：调用 CSS 设置页面样式，实现页面显示效果和切换分区前的完全统一。

4.1.2 网页布局分类

常见的网页布局有两种类型：固定宽度和流式。

固定宽度可以最大限度地控制设计的展现效果，不管浏览器窗口有多大，网页内容的宽度始终保持不变。最常见的宽度是 960px。

流式设计会根据浏览器窗口的大小自动伸展或收缩，从而最有效地利用浏览器窗口的空间。在 CSS 布局时，根据 HTML 标签的表现分成两类：块级标签和内联标签。

1. 块级标签

块级标签可以理解为容器，可以容纳内联标签和其他的块级标签。块级标签在网页布局时独占一行，标签的宽度和高度起作用，填充和边距都有效。

常见的块级标签如表 4-1 所示。

表 4-1　常见的块级标签

标　签	说　明	标　签	说　明
address	地址	blockquote	块引用
center	居中	dir	目录列表
DIV	盒子	form	表单
dl	定义列表	h1~6	1~6 号标题
hr	水平分隔线	menu	菜单列表
ol	有序列表	p	段落
pre	格式化文本	table	表格
ul	无序列表	li	列表选项

2．内联标签

内联标签只能容纳文本或其他内联标签。内联标签允许其他标签与其位于一行，标签的宽度和高度都不起作用，其宽度就是自身文字或者图片的宽度，高度可以通过 line-height 设置。填充和边距只有左右方向有效，上下方向无效。

常见的内联标签如表 4-2 所示。

表 4-2　常见的内联标签

标　签	说　明	标　签	说　明
a	链接	br	换行
em	强调	font	字体（不推荐）
i	斜体	img	图片
input	输入框	label	表格标签
select	项目选择	span	常用内联容器
strong	粗体	sub	下标
sup	上标	textarea	文本区域
u	下画线	button	按钮
iframe	内联框架		

内联元素可以通过设置 display 属性变成块级元素，格式如下：

display:block

4.2　页面布局标准

4.2.1　传统页面布局

传统的页面布局方法是使用表格布局，核心是利用了 HTML 的 table 元素所具有的零边框特性。

表格在网页设计中比较直观，具体实现方法如下：

首先，在网页中设置表格边框为不可见，然后将 table 元素内的单元格根据版式需求划分为不同区域，并且在划分后的单元格内还可以嵌套其他的表格内容。

其次，利用 table 元素的属性来控制内容的具体位置，<table>标签的主要属性包括高度、宽度、对齐方式等。<td>标签的主要属性包括高度、宽度、规定单元格内容的水平对齐方式、规定单元格内容的垂直排列方式、背景等。

表格的语法格式如下：

```
<table>
<tr>
<tr>表格格式</tr>
</tr>
</table>
```

表格的使用方法可以参照下述代码：

```
<html>
    <head>
        <meta charset="UTF-8">
    </head>
    <body>
        <table width="600" border="0" height="200" align="center" >
<caption>我是标题</caption>
<tr>
<th>学号</th>
<th>姓名</th>
<th>年龄</th></tr>
<tr><td align="center">2016001</td>
<td align="center">张三</td>
<td align="center">20</td></tr>
<tr>
<td align="center">2016002</td>
<td align="center">李四</td>
<td align="center">21</td></tr>
</table></body>
</html>
```

上述代码利用 table 元素和表格嵌套，将页面内容按照指定格式显示处理，代码运行的显示结果如图 4-1 所示。还可以在各单元格内部进一步嵌套其他版式内容，利用表格来完成页面布局。

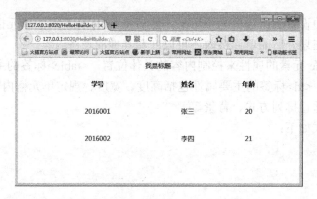

图 4-1　table 元素使用示例运行效果

接下来，通过一个实例说明表格布局的实现过程。代码如下：

```
<html>
    <head>
        <meta charset="utf-8" />
        <title>表格布局</title>
        <style type="text/css">
            <!--
            body{
                background-color:#66FFFF;
            }-->
        </style>
    </head>
<body topmargin="0">
<table width="1000" border="0" align="center" cellpadding="0" cellspacing="0" bordercolor="#9933CC">
<tr>
    <td height="100" colspan="3" bgcolor="#FFC0CB"><DIV align="center">站点广告</DIV></td>
</tr>
<tr>
    <td width="22%" height="280" rowspan="2" bgcolor="#9999FF"><DIV align="center">左侧导航</DIV></td>
    <td width="50%" height="40" bgcolor="#99CC33"><DIV align="center">导航链接</DIV></td>
    <td width="28%" rowspan="2" bgcolor="#9999FF"><DIV align="center">右侧导航</DIV></td>
</tr>
<tr>
    <td height="650"><DIV align="center">中间内容</DIV></td>
</tr>
        </table>
    </body>
</html>
```

运行效果如图 4-2 所示。

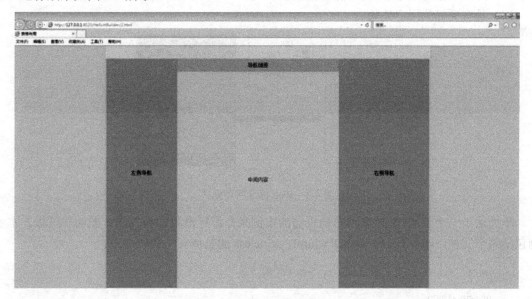

图 4-2　table 布局示例运行效果

从运行效果可以看出，该页面通过表格布局，一共包括三行，第一行"站点广告"行，合并了三列；第二行单元格 1"左侧导航"部分合并了二行，单元格二显示"导航链接"，单元格 3"右侧导航"部分也合并了二行；第三行，在中间位置显示"中间内容"部分。

如果实际要求的表格比上例还要复杂，那么还要在表格中进行多次嵌套，这样不利于设计和修改。另外，使用表格布局还存在下述缺点：

（1）设计复杂，改版时工作量巨大。
（2）表现代码与内容混合，可读性差，不利于数据调用分析。
（3）网页文件量大，影响浏览器解析速度。

4.2.2　Web 标准布局

Web 标准布局页面中的表现部分和结构部分各自独立，结构部分用 HTML 或 XHTML 编写实现，表现部分可以调用 CSS 文件实现，可以实现页面结构和表现内容分离，利于页面维护。

在 CSS 页面布局中，通常使用 DIV 元素来实现网页布局。DIV 元素是一个块元素，DIV 起始标签和结束标签之间的所有内容都是用来构成这个块元素的，DIV 允许分割一个 Web 页面，并以此来进行样式设置。DIV 与 CSS 联合应用一般通过下述三个步骤来实现页面布局：

（1）将页面用 DIV 分块。
（2）设计各块的位置。
（3）使用 CSS 定位。

通过这种形式，可真正实现表现与内容完全分离，代码可读性强，样式可以重复应用，这样做的好处是：

（1）开发效率高，简单维护。
（2）使信息具有跨平台的可用性。

(3)降低服务器成本,加快网页解析速度。
(4)具有更好的用户体验。

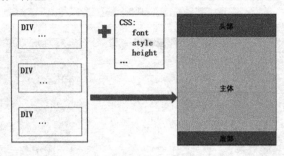

图 4-3 Web 标准布局样式

下面通过一个使用 Web 标准布局页面的实例来介绍标准页面布局的一般实现过程。本示例包括两个文件:style.css 和 WebDIV.html,style.css 的具体实现代码如下:

```css
.title{
    margin: 0 auto;
    width: 100%;
    height: 100px;
    background-color:#FFC0CB;
    text-align: center;}
.left{
    width: 25%;
    height: 500px;
    background-color:#9999FF;
    float:left;
    text-align: center;
}
.center{
    width: 50%;
    height: 500px;
    background-color:#99CC33;
    float:left;
    text-align: center;
}
.right{
    width: 25%;
    height: 500px;
    background-color:#9999FF;
    float:left;
    text-align: center;
}
```

```css
.bottom{
    width: 100%;
    height: 50px;
    background-color:#808080;
    float:left;
    text-align: center;
}
```

WebDIV.html 的代码如下:

```html
<html>
    <head>
        <meta charset="utf-8" />
            <link rel="stylesheet" href="test.css" type="text/css"/>
    </head>
    <body topmargin="0">
        <DIV class="title">网页头部</DIV>
        <DIV>
            <DIV class="left">左侧导航</DIV>
            <DIV class="center">中间内容</DIV>
            <DIV class="right">右侧导航</DIV>
        </DIV>
        <DIV class="bottom">网页底部</DIV>
    </body>
</html>
```

运行效果如图 4-4 所示。

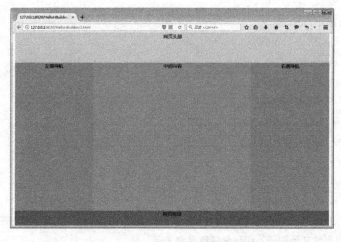

图 4-4 DIV+CSS 布局样式效果

上述代码将网页用 DIV 分块，各 DIV 布局块再调用对应样式，可以很轻松地设计成完全符合需求的布局页面。从本例中可以看出，使用标准样式后，实现页面结构和表现的分离，为站点设计领域带来重要意义,使得站点改版工作变得很轻松,页面内容能够完全适应各种应用设备。

4.3 CSS 盒模型

CSS 中所有的文档元素都会生成一个由边界、框边等元素组成的矩形框,这个矩形框就是盒模型(Box Model)。因此,在网页开发中,所有页面中的元素都可以看成是一个盒子,盒子模型由内容(content)、边框(border)、边界(margin)和填充(padding)组成。一个标准的盒子模型效果图如图 4-5 所示。

4.3.1 盒模型内容

盒模型内容只能出现在盒模型中标有高度和宽度的部分,即除宽度和高度包含的区域外,盒模型的其他部分不能包含任何内容元素。

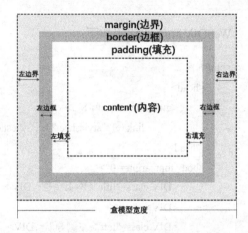

图 4-5　CSS 盒模型效果图

当盒模型内容不大于容器空间时,内容的显示顺序是从左到右;当内容超过定义的容器宽度时,将自动换行显示。

下面以实例来说明内容在盒模型中的应用,代码如下:

```
<html>
<head>
    <meta charset="utf-8" />
    <title>盒模型内容</title>
    <style type="text/css">
        <!--
        .content{
            height: 180px;
            width: 100px;
            background-color: #00CCDD;
            color: #FF00CC;}
        -->
    </style>
</head><body>
    <DIV class="content">盒模型内容只能出现在盒模型中标有高度和宽度的部分,即除宽度和高度包含的区域外,而盒模型的其他部分不能包含任何内容元素。
    当盒模型内容不超出容器空间时,内容的显示顺序是从左到右;当内容超过定义的容器宽度时,将自动换行显示。</DIV>
</body>
```

</html>

运行效果如图 4-6 所示。

（a）google 浏览器显示效果

（b）IE 浏览器显示效果

图 4-6　运行效果

从运行效果可以看出，当内容超过定义的容器高度时，IE 浏览器会自动扩充容器大小，在 Firefox 浏览器中则超过容器显示，容器不会自动扩大。

4.3.2　盒模型填充

盒模型中的填充（padding）属性呈现了元素的背景，其具体的使用格式如下：

padding:长度值/百分比值

1. 盒模型填充常用属性

通过一个具体的实例来说明 padding 属性的应用，代码如下（此例中 padding 设置的是具体的值）：

```
<html>
<head><meta charset="utf-8" />
        <title>盒模型 padding</title>
        <style type="text/css">
            <!--
            .hasp{
                height: 100px;
                width: 150px;
                background-color: #00CCDD;
                color: #FF00CC;
                padding: 20px;}
            .midd{height: 20px;width: 120px;}
            .nop{ height: 100px;
                width: 150px;
                background-color: #00CCDD;
```

第 4 章　DIV 及 CSS 页面布局

```
            color: #FF00CC;}-->
        </style></head>
    <body>
        <DIV class="hasp">填充即 padding 属性，其呈现了元素的背景，通过实例对比，此语句样式设置有 padding</DIV>
            <DIV class="midd"></DIV>
        <DIV class="nop">填充即 padding 属性，其呈现了元素的背景，通过实例对比，此语句样式没有设置 padding</DIV>
    </body></html>
```

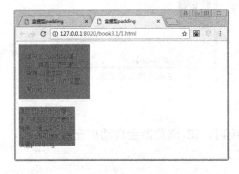

图 4-7 运行效果

运行效果如图 4-7 所示。

上述代码样式设置中，第一块内的文本设置了元素大小为 20 的 padding 属性，而第二块没有设置 padding 属性，从运行效果可以看到，被设置 padding 文本的占用空间比没有设置的空间要大，宽度和高度均大于 20。

在 padding 属性设置中，还可以设置为百分比值，百分比值是通过包含其父元素的宽度来计算的。下面通过一个实例来讲解 padding 属性取百分比值的使用方法。代码如下：

```
<html><head>    <meta charset="utf-8" />
        <title>盒模型 padding</title>
        <style type="text/css">
            <!--
                .fa{ width: 300px;
                    background-color: #CCCCCC;}
                .fb{width: 200px;
                    background-color: #CCCCCC;}
                p{    width: 1000px;
                    padding: 10%;            }
                .midd{height: 20px;
                    width:300px;
                    background-color: green; }
            -->    </style></head>
    <body>
        <DIV class="fa"><p>此语句样式设置有 padding，父元素宽度为 300px，padding 设置为 10%</p></DIV>
            <DIV class="midd"></DIV>
        <DIV class="fb"><p>此语句样式设置有 padding，父元素宽度为 200px，padding 设置为 10%</p></DIV>
    </body>
</html>
```

运行效果如图 4-8 所示。

上述实例代码中分别设置了两个 DIV 块元素,并为其段落文本设置了 10%填充属性。从运行效果可以看出,p 元素填充的 10%是相对于其父元素 fa 和 fb 的,而不是相对于本身的 10%。将上述填充属性删除,则具体显示如图 4-9 所示。

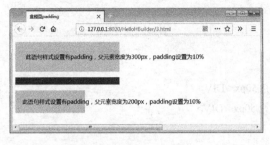

图 4-8 运行效果(一)

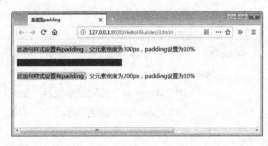

图 4-9 运行效果(二)

2. 使用单侧填充属性

单侧补白属性是指在某页面元素的一侧设置补白属性,其使用格式如下:

padding:长度值/百分比值

单侧补白属性的常用属性及其具体说明如表 4-3 所示。

表 4-3 单侧补白的常用属性列表

属　　性	描　　述
padding-top	设置元素顶部补白
padding-right	设置元素右侧补白
padding-bottom	设置元素底部补白
padding-left	设置元素左侧补白

下面通过一个实例来说明单侧填充属性的使用,代码如下:

```
<html>
<head>
    <meta charset="utf-8" />
    <title>盒模型 padding</title>
    <style type="text/css">
        <!--
        .aa{
            width: 200px;
            height: 120px;
            background-color: #333333;
            padding-left: 50px;
        }
        .bb{
            width: 200px;
```

第 4 章 DIV 及 CSS 页面布局 85

```
              height: 120px;
              background-color: #CCCCCC;
              padding-right: 50px;
                }
              -->
            </style>
        </head>
        <body>
              <DIV class="aa">此处显示段落,左侧填充 50px</DIV>
              <DIV class="bb">此处显示段落,右侧填充 50px</DIV>
        </body>
    </html>
```

图 4-10 运行效果

运行效果如图 4-10 所示。

分析上述代码,为第一个 DIV 元素设置了大小和背景颜色,且设置左侧填充为 50px;为第二个 DIV 元素设置了宽、高、背景颜色,右侧填充为 50px。

4.3.3 盒模型边框

盒模型边框属性包括边框样式属性、边框宽度属性和边框颜色属性等。接下来详细介绍 CSS 中最为常用的边框属性,并通过具体的实例来讲解其使用流程。

1. 边框样式属性

边框样式属性即 border-style 属性,其使用格式如下:

```
border-style:属性值
```

border-style 属性的具体说明如表 4-4 所示。

表 4-4 border-style 常用属性值

属性	描述	属性	描述
none	没有边框	double	双线显示
dotted	点线显示	ridge	菱形边框
solid	实线显示	groove	3D 凹槽
dashed	虚线显示	inset	3D 凹边
hidden	隐藏边框	outset	3D 凸边

下面通过一个实例来讲解边框样式属性的使用,代码如下:

```
<html><head><meta charset="utf-8" /><title>盒模型 padding</title>
    <style type="text/css">
    <!--
        .aa{width: 200px;height: 120px;border-style:solid;}
        .bb{width: 200px;height: 120px;border-style: dotted; }
        .cc{width: 200px;height: 120px;border-style: double;    }
        .dd{width: 200px;height: 120px;border-style: hidden;   }
        .ee{width: 200px;   height: 120px;border-style: inset;    }
    -->   </style></head>
<body><DIV class="aa">此处边框为实线</DIV>
    <DIV class="bb">此处边框为点线</DIV>
    <DIV class="cc">此处边框为双</DIV>
    <DIV class="dd">此处边框为隐藏</DIV>
    <DIV class="ee">此处边框为 3D 凹边</DIV></body></html>
```

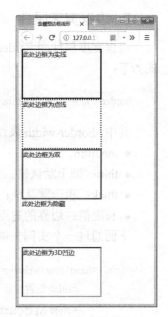

图 4-11 运行效果

运行效果如图 4-11 所示。

上述代码中分别为五行文本设置了不同的边框样式。

另外，在 CSS 中，边框样式也可以和 padding 属性一样进行缩写处理，分别按序设置上、右、下、左四个边框属性，成逆时针旋转设置样式。

下面通过一个实例来讲解边框上、下、左、右框型属性的使用，代码如下：

```
<html><head><meta charset="utf-8" />
    <title>盒模型边框上下左右线型</title>
    <style type="text/css">
        <!--
        .aa{border-top-style: dotted;
            border-right-style: solid;
            border-bottom-style: double;
            border-left-style: dashed;
            height: 30px;           }
         .bb{border-style: dotted solid double dashed;
            height: 30px;}
        -->    </style></head>
<body><DIV class="aa">方式 1 设置边框</DIV>
    <DIV>我是分割线</DIV>
    <DIV class="bb">方式 2 设置边框</DIV>    </body></html>
```

运行效果如图 4-12 所示。

上述代码使用了两种方式设置边框的四周线型，从运行效果来看，两种设置方式是等价的。

2. 边框宽度属性

边框宽度属性即 border-width 属性，其语法格式如下：

border-width：medium/thin/thick/长度值

其中，border-width 属性各值的具体说明如下。
- medium：默认值；
- thin：细于默认值；
- thick：粗于默认值；
- 长度值：边界的宽度值。

下面通过一个实例来讲解边框宽度属性的使用，代码如下：

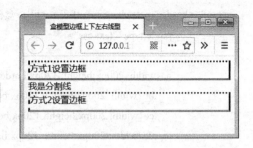

图 4-12　运行效果

```html
<html><head><meta charset="utf-8" />
    <title>设置边框宽度</title>
    <style type="text/css">
        <!--
        .aa{border-style:solid;
            border-width:thick;
            width: 200px;
            height:80px;
        }
        .bb{ border-style:solid;
            border-width:medium;
            width: 200px;
            height:80px;}
        .cc{
            border-style:solid;
            border-width:thin;
            width: 200px;
            height:80px;
        }
        -->
    </style>
</head>
    <body>
        <DIV class="aa">宽度为 thick 的边框</DIV>
        <DIV class="bb">宽度为默认值的边框</DIV>
        <DIV class="cc">宽度为 thin 的边框</DIV>
    </body>
</html>
```

运行效果如图 4-13 所示。

本例通过设置三个 DIV 元素边框效果来查看不同边框宽度值对应的效果。

border-width 属性也存在单侧样式的简化写法，设置顺序也是上、右、下、左。下面通过一个实例来讲解简化写法的使用，代码如下：

图 4-13 运行效果

```html
<html><head><meta charset="utf-8" />
    <title>盒模型边框上下左右宽度</title>
    <style type="text/css">
        <!--
        .aa{ border-style:dotted;
            border-top-width: 5px;
            border-right-width: 10px;
            border-bottom-width: 15px;
            border-left-width: 20px;
            height: 30px;
        }
        .bb{
            border-style:dotted;
            border-width: 5px 10px 15px 20px;
            height: 30px;
        }
        -->    </style></head>
    <body>
        <DIV class="aa">方式 1 设置边框宽度</DIV>
        <DIV>我是分割线</DIV>
        <DIV class="bb">方式 2 设置边框宽度</DIV>
    </body>
</html>
```

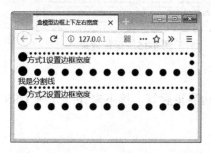

图 4-14 运行效果

运行效果如图 4-15 所示。

3. 边框颜色属性

边框颜色属性即 border-color 属性，其语法格式如下：

border-color：颜色值

下面通过一个实例来讲解边框宽度属性的使用，代码如下：

```html
<html><head><meta charset="utf-8" />
<title>边框颜色设置</title>
<style type="text/css">
<!--
.aa{ border-style:solid;
    border-color:#9999FF;
    border-width: 5px;
    height: 30px; }
.bb{
border-top-color:#FFC0CB ;
border-right-color: #99CC33;
border-bottom-color: #FFA500;
border-left-color: #9999FF;
border-style: solid;
border-width: 5px;
height:30px }
.cc{
border-color:#FFC0CB #99CC33 #FFA500 #9999FF;
border-style: solid;
border-width: 5px;
height:30px }
-->
</style></head>
<body>
<DIV class="aa">设置边框颜色</DIV>
<DIV><hr></hr></DIV>
<DIV class="bb">设置边框颜色</DIV>
<DIV><hr></hr></DIV>
<DIV class="cc">设置边框颜色</DIV>
</body>
</html>
```

运行效果如图 4-15 所示。

上述代码中的三行文本设置了三种边框颜色,第一行边框设置为纯色,第二行和第三行边框虽然设置的方式不同,但外观一致,是边框颜色单侧样式的简化写法。

图 4-15 运行效果

4.3.4 盒模型边界

盒模型边界包括边界属性、单侧边界属性和页面元素边界重叠等。接下来详细介绍 CSS 中最为常用的边界属性,并通过实例来讲解其使用流程。

1. 边界属性

边界属性即 margin 属性,margin 是 CSS 控制块级元素之间的距离,用于设置页面元素的边界大小，它们之间是透明不可见的，其语法格式如下：

```
margin: auto/长度值/百分比值
```

其中，margin 属性各值的具体说明如下。
- auto：分为水平 auto 和垂直 auto 值。
- 长度值：指边界的长度。
- 百分比值：相对于元素所在父元素的宽度。

长度值和百分比值的具体含义和前面介绍的其他属性基本相同，下面对 auto 取值进行简要介绍。

（1）水平 auto 值：在元素盒模型的水平方向上，非浮动块元素盒模型的各部分宽度的和等于父元素的宽度，即一个盒子的实际宽度=左边界+左边框+左填充+内容宽度+右填充+右边框+右边界。边界属性设置为 auto 时，大小值即为填充父元素宽度的默认值。例如，如果父元素宽度为 1000px，内容宽度为 600px，左、右填充宽度均为 50px，没有边框，那么此时边界 auto 所代表的值就为 150px，使得整体的宽度值为父元素宽度。

（2）垂直 auto 值：页面设计中，垂直 auto 值通常被设置为 0，没有边界。

以下通过一个实例来解释边界的属性取值的做法，代码如下：

```
<html><head><meta charset="utf-8" />
    <title>边界水平设置 auto</title>
    <style type="text/css">
        <!--
        .my img{margin: 50px;      }
        .aa{    background-color: #9999FF;  }
        -->
    </style>
</head>
    <body>
        <DIV class="my img">一个使用<img src="img/HB.png" width="100" height="100">margin 属性设置</DIV>
        <DIV class="aa">一个没使用<img src="img/HB.png" width="100" height="100">margin 属性设置</DIV>
    </body>
</html>
```

运行效果如图 4-16 所示。

上述代码中，被定义的边界属性的首行在图片的四周产生了 50 像素大小的空白区域。在第二个 DIV 元素中没有定义边界属性的四周，则不会产生空白区域，效果对比鲜明。

2. 单侧边界属性

单侧边界属性是指只对页面元素的某一侧边界样式进行设置，CSS 中的单侧边界属性包括如下四个：
- margin-top；

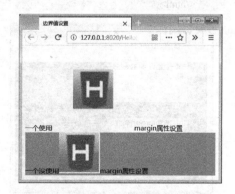

图 4-16　运行效果

- margin-right;
- margin-bottom;
- margin-left。

上述属性取值方法也包括 auto、长度值、百分比值三种，且属性 margin 的单侧属性取值依然遵循上、右、下、左逆时针方位设置顺序，语法格式如下：

margin:margin-top margin-right margin-bottom margin-left

下面通过一个具体的实例解释单侧边界属性的设置方法，代码如下：

```
<html><head><meta charset="utf-8" />
    <title>边界值设置</title>    <style type="text/css">
        <!--
        .aa{width: 500px;        height: 300px;
           background-color: red                    }
        .bb{background-color: pink;
          margin: 20px 30px 40px 50px;
          width: 200px; height: 100px;        }
        .cc{background-color: pink;
          margin-top: 20px;
          margin-right: 30px;
          margin-bottom: 40px;
          margin-left: 50px;
          width: 200px; height: 100px;        }
        -->        </style></head>
<body>
    <DIV class="aa">
    <DIV class="bb">方式一设置 margin 的单边界属性</DIV>
    <DIV class="cc">方式二设置 margin 的单边界属性</DIV>
    </DIV>
</body>
</html>
```

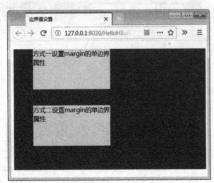

图 4-17 运行效果

运行效果如图 4-17 所示。

3. 相邻边界属性

如果在页面中同时对多个相邻的元素使用边界属性，那么这些元素的边界部分会根据相邻方式显示不同的效果，下面通过几种不同的相邻方式来讲解相邻边界属性内容。

（1）垂直方向相邻：在 CSS 页面中，相邻边界元素垂直方向上的边界会发生重叠。下面通过一个实例讲解此类元素边界重叠效果，代码如下：

```html
<html><head><meta charset="utf-8" />
    <title>边界值设置</title>
    <style type="text/css">
        <!--
        .aa{width: 400px;height: 300px;
            background-color: red          }
        .bb{background-color: pink;
            margin-bottom: 50px;
            width: 200px;
            height: 100px;              }
        .cc{
            background-color: pink;
            margin-top: 50px;
            width: 200px;
            height: 100px;              }
        --> </style></head>
<body>
    <DIV class="aa">
    <DIV class="bb">此元素设置 margin 的 bottom 边界属性值 50px</DIV>
    <DIV class="cc">此元素设置 margin 的 top 边界属性值 50px</DIV>
    </DIV>    </body></html>
```

运行效果如图 4-18 所示。

上述代码的显示效果是上、下相邻元素边界值大小为 50 像素，但不是两者的边界值之和为 100 像素。另外，相邻元素的边界值大小不等时，边界值取相邻元素边界值中大的。

（2）水平方向相邻：在 CSS 页面中，相邻边界元素水平方向上的边界值会加在一起。下面通过一个实例讲解此类元素边界重叠效果，代码如下：

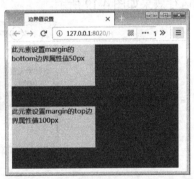

图 4-18　运行效果

```html
<html>
<head>
    <meta charset="utf-8" />
    <title>边界值设置</title>
    <style type="text/css">
        <!--
        .aa{
            width: 300px;
```

```
                    height: 100px;
                    background-color: red
                }
                .bb{
                    background-color: pink;
                    margin-right: 50px;
                    width: 100px;
                    height: 100px;
                    float: left;
                }
                .cc{
                    background-color: pink;
                    margin-left: 50px;
                    width: 100px;
                    height: 100px;
                    float: left;
                }
            --></style></head>
<body>
    <DIV class="aa">
    <DIV class="bb">此水平元素设置 margin 的 right 边界属性值 50px</DIV>
    <DIV class="cc">此水平元素设置 margin 的 left 边界属性值 50px</DIV></DIV></body></html>
```

运行效果如图 4-19 所示。

图 4-19 运行效果

在上述代码中，定义了两个边界宽度为 50px 的浮动元素，可以从效果图中看出，相邻元素在水平方向上的边界距离为两者边界值之和。

（3）负边界值：当某元素的边界属性取值为负值时，无论是垂直相邻元素还是水平相邻元素，其最终相邻边界都是两边界值的和。下面通过一个实例讲解此类元素边界加和效果，代码如下：

```
<html><head><meta charset="utf-8"/>
        <title>边界值设置</title>
        <style type="text/css"><!--
            .aa{width: 400px;    height: 100px;
```

```
                    background-color: red               }
                .bb{background-color: pink;
                    margin-right: 50px;
                      width: 100px;
                      height: 100px;
                      float: left;            }
                .cc{background-color: pink;
                    margin-left: -50px;
                      width: 100px;
                      height: 100px;
                      float: left;            }
            -->            </style></head>
    <body>
        <DIV class="aa">
        <DIV class="bb">此水平元素设置 margin 的 right 边界属性值 50px</DIV>
        <DIV class="cc">此水平元素设置 margin 的 left 边界属性值-50px</DIV></DIV>
</body></html>
```

运行效果如图 4-20 所示。

图 4-20　运行效果

在上述代码中，分别定义了两个宽度为 100 像素的水平相邻元素，其中左侧元素的右边界值为 50px，右侧元素的左边界值为-50px，此代码执行后，两者水平方向的元素边界值为 50px+（-50px）=0，因此，可以看到运行效果图中两个元素紧邻。

4. 父子元素边界属性

在 CSS 容器内的父、子元素之间的距离因其自身属性的不同而不同，下面详细介绍设置的几种典型情况。

（1）子元素边界为 0：此种情况是指父元素内含有填充属性而子元素边界属性为 0，父元素和子元素的距离按如下规则确定。

- 父、子元素间上边界距离：由父元素的 padding-top 值决定。
- 父、子元素间左边界距离：由父元素的 padding-left 值决定。

下面通过一个实例来讲解元素间子边界为 0 时最终设计效果，代码如下：

```
<html><head><meta charset="utf-8" />
        <title>边界值设置</title>    <style type="text/css">
```

```
        .aa{width: 400px;    height: 100px;
            background-color: red;
            padding: 50px 60px 70px 20px;     }
        .bb{background-color: pink;   margin: 0;
            width: 300px;    height: 100px;     }
    </style></head>
    <body><DIV class="aa">
        <DIV class="bb">当前元素的 margin 值为 0</DIV>
        </DIV>    </body></html>
```

图 4-21　运行效果

运行效果如图 4-21 所示。

（2）父元素 padding 为 0：当父元素的 padding 属性值为 0、子元素的边界属性没有特定设置时，父元素和子元素的距离按如下规则确定。

- 父、子元素间上边界距离：由子元素的 margin-top 值决定。
- 父、子元素间左边界距离：由父元素的 margin-left 值决定。

下面通过一个实例来讲解元素间父元素填充为 0 时最终设计效果，代码如下：

```
<html><head><meta charset="utf-8" /><title>边界值设置</title>
    <style type="text/css">
        <!--
        .aa{width: 400px;    height: 200px;
            background-color: red;
            padding: 0;                }
        .bb{background-color: pink;
            margin: 60px 0 0 80px;
            width: 300px;    height: 100px;     }
        -->    </style></head>
    <body>    <DIV class="aa">
        <DIV class="bb">当前元素的 margin 值不为 0</DIV>
        </DIV></body></html>
```

运行效果如图 4-22 所示。

从上述代码和运行效果可以看出，父、子元素间的上、左距离分别是 60px 和 80px。注意，当父元素内有 padding 属性，而子元素内含有 margin 属性时，在 IE 和 Firefox 浏览器中的显示效果是不同的。水平方向上，父、子元素距离是相同的；垂直方向上，Firefox 浏览器显示的距离是父元素的填充值和子元

图 4-22　运行效果

素边界属性值的和。

（3）子元素边界为负值：当页面中嵌套元素使用负边界后，会覆盖其他元素内容。下面通过一个实例来讲解此类属性设置时最终设计效果，代码如下：

```html
<html>
<head>
    <meta charset="utf-8" />
    <title>边界值设置</title>
    <style type="text/css">
        <!--
        .aa{
            width: 400px;
            height: 200px;
            background-color: red;
            padding: 50px 0 0 100px;
        }
        .bb{
            background-color: pink;
            margin: -60px 0 0 80px;
            width: 300px;
            height: 100px;
        }
        .cc{
            background-color: pink;
            margin: 60px 0 0 80px;
            width: 300px;
            height: 100px;
        }
        -->
    </style>
</head>
    <body>
        <DIV class="aa">
        <DIV class="bb">当前元素的 margin 值不为 0</DIV>

        </DIV>
    </body>
</html>
```

在上述代码中，通过样式设置分别指定了父元素的四个 padding 值，并分别指定了子元素四边的边界值。运行效果如图 4-23 所示，子元素上方的文本内容被父元素遮盖了。

图 4-23　运行效果

4.3.5　盒模型大小

在实际网页制作应用中，计算盒模型大小主要分为如下两个方面：
- 水平方向上的宽度计算；
- 垂直方向上的高度计算。

1. 水平方向上的宽度计算

单独元素盒模型的宽度计算方法比较简单，在水平方向上，从左到右依次是：左边界、左边框、左填充、内容宽度、右填充、右边框、右边界，此七部分的和即为水平方向上的宽度。

2. 垂直方向上的高度计算

单独元素盒模型的高度计算方法是：把盒模型垂直方向上七个部分的高度加在一起。在有多个元素在 IE 中执行时，需要注意：
- 有包含关系的两个元素时，填充会和边界重叠。
- 没有包含关系的两个元素时，边界会重叠。

特别是在 Firefox 浏览器中执行时，要特别注意没有包含关系的两个元素间的边界重叠问题。

浏览器不同，页面实现对某元素大小固定的效果不同。为了方便在实际网页开发中固定元素大小，一般使用 overflow 属性，其语法格式如下：

overflow：属性值

overflow 各属性值的具体说明如下。
- visible：不剪切内容，不产生滚动条。
- auto：必要时会产生滚动条。
- scroll：总是产生滚动条。
- hidden：不显示超出内容部分。

下面通过一个实例讲解 overflow 属性的使用方法，代码如下：

```
<html>
<head>
    <meta charset="utf-8" />
```

```html
		<title>边界值设置</title>
		<style type="text/css">
			<!--
			.aa{
				width: 400px;
				height: 200px;
				background-color: red;
				overflow: scroll;

			}
			.bb{
				width: 400px;
				height: 200px;
				background-color: pink;
				overflow: hidden;
			}
			-->
		</style>
</head>
	<body>
<DIV class="aa">轻轻的我走了，正如我轻轻的来；我轻轻的招手，作别西天的云彩。
那河畔的金柳，是夕阳中的新娘；波光里的艳影，在我的心头荡漾。
软泥上的青荇，油油的在水底招摇；在康河的柔波里，我甘心做一条水草！
那榆荫下的一潭，不是清泉，是天上虹；揉碎在浮藻间，沉淀着彩虹似的梦。</DIV>
<DIV class="bb">轻轻的我走了，正如我轻轻的来；我轻轻的招手，作别西天的云彩。
那河畔的金柳，是夕阳中的新娘；波光里的艳影，在我的心头荡漾。
软泥上的青荇，油油的在水底招摇；在康河的柔波里，我甘心做一条水草！
那榆荫下的一潭，不是清泉，是天上虹；揉碎在浮藻间，沉淀着彩虹似的梦。
</DIV>
</body>
</html>
```

运行效果如图 4-24 所示。

在上述代码中，通过样式设置指定了第一个块元素的 overflow 属性值为滚动，指定了第二个块元素的 overflow 属性值为隐藏。

图 4-24 运行效果

4.4 页面布局设计（三行、三列、导航）

4.4.1 一列固定宽度

一列固定宽度是最简单的一种布局方式，可以通过下面的实例看到此种布局的效果：

```
<html>
    <head>
        <meta charset="UTF-8">
        <title>一列固定宽度布局</title>
<style type="text/css">
    #header,#footer,#content {
    border: 1px solid red;
    margin: 10px auto 10px 10px;
    padding: 5px;
    width: 360px;
}
</style>
</head>
<body>
<DIV id="header">
    <h2>页面头部</h2>
    <p>这是一行布局框中头部内容</p>
</DIV>
<DIV id="content">
    <h2>页面正文</h2>
    <p>这是一行布局框中正文内容</p></DIV>
<DIV id="footer">
    <h2>页面底部</h2>
    <p>这是一行布局框中底部内容</p>
</DIV>
</body>
</html>
```

运行效果如图 4-25 所示。

图 4-25 运行效果

从 CSS 代码可以看到，3 个 DIV 的宽度都设置为固定值 360 px，同时将 margin 设置为 margin: 10px auto 10px 10px;左对齐排列。如果还想设置一列固定宽度居中效果，可以将 CSS 样式设置为如下：

```
#header,#footer,#content {
    border: 1px solid red;
    margin: 10px auto;
    padding: 5px;
    width: 360px;
}
```

4.4.2 一列宽度自适应

自适应布局是网页设计中常见的一种布局形式，自适应布局能够根据浏览器窗口的大小自动改变其宽度或高度值，是一种非常灵活的布局方式。

在默认状态下，DIV 占据整行的空间，便是宽度为 100%的自适应布局的表现形式，可以在 4.4.1 小节的例子中，将其布局代码改为如下代码：

```
#header,#footer,#content {
    border: 1px solid red;
    margin: 10px auto 10px 10px;
    padding: 5px;
    width: 80%;}
```

即可得到如图 4-26 所示的运行效果，可以看出，元素的宽度会随着浏览器的缩放自适应改变大小。

图 4-26　运行效果图

4.4.3　两列固定宽度

由于 DIV 属于块标签，默认独占一行，如果需要显示两列，则需要借助 float 属性来实现元素的浮动显示形式，代码如下：

```
<html><head><meta charset="UTF-8">
        <title>两列固定宽度布局</title>
<style type="text/css">
    #left{
      background-color: #cccccc;
     border: 1px solid red;
     width: 250px;
     height:100px;
     float: left;
}
#right {
      background-color: #cccccc;
     border: 1px solid red;
     width: 250px;
     height:100px;
     margin-left: 10px;
     float: left;
}
</style>
</head>
<body>
<DIV id="left">
    <h2>页面左侧</h2>
    <p>这是一行布局框中左侧部分内容
    </p>
```

```
        </DIV>
        <DIV id="right">
            <h2>页面右侧</h2>
            <p> 这是一行布局框中右侧部分内容</p>
        </DIV></body></html>
```

运行效果如图 4-27 所示。

图 4-27　运行效果

4.4.4　两列宽度自适应

要实现两列宽度自适应，分别设置两列宽度各占父元素宽度的百分比值即可，将 4.4.3 小节的例子中的样式代码做如下简单修改即可：

```
#left {
    background-color: #cccccc;
    border: 1px solid red;
    width: 30%;
    height:100px;
    float: left;    }
#right{
    background-color: #cccccc;
    border: 1px solid red;
    width: 60%;
    height:100px;
    float: left;    }
```

运行效果如图 4-28 所示。

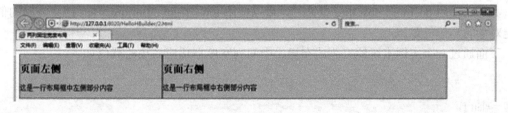

图 4-28　运行效果

注意：本例中没有设置左、右元素 width 值的和为 30%+70%，因为 CSS 布局中，一个对象的宽度不仅由 width 的值来决定,一个对象的真实宽度由对象本身的宽、对象的左右外边界、边框和内填充相加而成,如果超过总宽度,则右侧部分很容易被挤到下一行显示,这需要特别关注。

4.4.5 两列右列宽度自适应

在实际应用中,常需要将左列宽度固定,右列根据浏览器窗口大小自适应。在 CSS 布局中实现这样的布局方式简单可行,只需要设置左列宽度为固定宽度,右列不设置宽度且不浮动即可。例如:

```
#left {
    background-color: #cccccc;
    border: 1px solid red;
    width: 300px;
    height:100px;
    float:left
}
#right {
    background-color: #cccccc;
    border: 1px solid red;
    height:100px;
}
```

运行效果如图 4-29 所示。

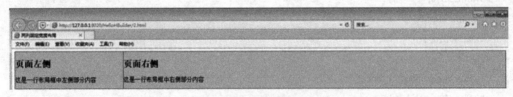

图 4-29　运行效果

4.4.6 三列中间宽度自适应

在网页设计中,三列式布局还是很常见的,有时还会要求左列和右列宽度固定,中间列则根据内容自适应。由于 CSS 不能支持百分比的计算精确到考虑左右列的占位,因此,需要借助 position 属性中的 absolute 值来实现。

具体在使用 position: absolute 属性时,可以使用 top、right、bottom、left 四个方向的值来确定对象的具体位置。

下面通过一个实例来讲解三列式布局、中间列宽度自适应,核心代码如下:

```
…
#left {
    background-color: #cccccc;
    border: 1px solid red;
```

```
        width: 100px;
        height:100px;
        position:absolute;
        top:0px;
        left:0px;}
    #right{
        background-color: #cccccc;
        border: 1px solid red;
        width: 100px;
        height:100px;
        position:absolute;
        top:0px;
        right:0px;       }
    #center{
        background-color: #cccccc;
        border: 1px solid red;
        height:100px;
        margin-left: 102px;
        margin-right: 102px;       }
      *{
          margin: 0;
          padding: 0;     }
…
<body>
<DIV id="left">
    <h2>页面左侧</h2>
    <p>这是一行布局框中左侧部分内容</p></DIV>
<DIV id="center">
    <h2>页面中间</h2>
    <p>这是一行布局框中中间部分内容</p></DIV>
<DIV id="right">
    <h2>页面右侧</h2>
    <p> 这是一行布局框中右侧部分内容</p></DIV>
</body>
</html>
```

运行效果如图 4-30 所示。

上述代码中，左侧将距左边 0px，该元素将贴着左边缘显示；而右侧将由 0px 使得右侧元素贴右边缘显示；而中间的#center 采用的是普通样式，只需要让它的左外边距和右外边距保持#left 和#right 的宽度，便实现了两边各让出 102px 的自适应宽度，此宽度正好容纳了左、右侧元素。另外，代码中对于通用选择器的样式设置，目的是屏蔽浏览器间的差异，把默认的内、外填充都清除,以方便准确定位。

图 4-30 运行效果

4.4.7 三行三列

在网页设计时,把 height 属性值修改为 100%有时并不能实现高度自适应效果,这与使用的浏览器解析方式有关,一个对象高度能否用百分比显示,取决于对象的父级对象。例如,若想让 DIV 的 height:100%产生作用,就需要设置父对象高度。使用 IE 浏览器时,需要设置 HTML 对象的高度,其他浏览器则通过设置 body 高度即可。

下面通过一个简单的实例讲解高度自适应效果实现方式,核心代码如下:

```
…
    html,body {
padding:0px;
margin:0px;
height:100%;
}
#center{
    background-color: #cccccc;
        border: 1px solid red;
    height:100%;
}
…
<DIV id="center">中间内容部分</DIV>
```

有了前期的基础,现在通过一个实例来看看一般典型的三行三列式页面布局,即包含头部、中部、底部,中部为三列,实现左、右侧固定宽度,中间列宽度自适应,CSS 样式代码如下:

```
body {
text-align:center; margin: 0px;padding: 0px; }
DIV
{       height:500px;      }
#header {
background-color:#abcdef;
  height: 50px;
}
#container {
  padding-left: 200px; /*左列元素总宽度*/
```

```css
  padding-right: 190px; /*右列元素总宽度+中间元素填充宽度*/
}
#container .column {
  position: relative;
  float: left; /* 实现多列 */
}
#center {
  padding: 0px 20px; /* 上下：0 左右：20 */
  width: 100%;
}
#left {
  width: 180px; /*左列内容宽度*/
  padding: 0 10px; /* 填充宽度 */
  right: 240px; /* 距离中间元素：左列总宽+中间元素填充 */
  margin-left: -100%;
  background-color:#eeefff;
}
#right {
  width: 130px; /* 右列内容宽度 */
  padding: 0 10px; /*填充宽度*/
  margin-right: -190px; /* 右列总宽度 */
background-color:#eeefff;
}
#footer {
  clear: both;
  background-color:#abcdef;
  height: 50px;
}
```

对应布局代码如下：

```html
<body>
<DIV id="header">头部</DIV>

<DIV id="container">
  <DIV id="center" class="column">中部</DIV>
  <DIV id="left" class="column">左侧</DIV>
  <DIV id="right" class="column">右侧</DIV>
</DIV>
<DIV id="footer">底部</DIV>
</body>
```

运行效果如图 4-31 所示。

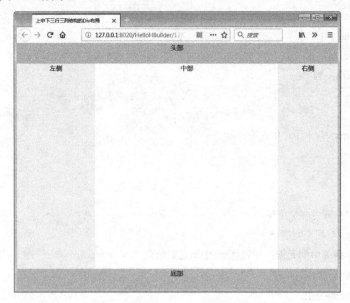

图 4-31 运行效果

现在对几个典型的样式进行简单分析。

（1）body 样式：设置了文本对齐方式，同时为屏蔽浏览器差异，设置边界和填充为 0。

（2）container 样式：通过设置填充，目的是让中间行的左、右两列最终占据填充区域。

（3）container 中的 column 样式：通过使用相对定位、float 属性使得呈现三列，且左、右两列移动到正确的相对位置。

（4）center 样式：设置了上、下、左、右填充距，宽度为 100%，呈现自适应效果。

（5）left 样式：right 属性的设置保证了其与中间元素间隔适当位置，且通过设置 margin-left: -100%;让其可以贴在最左侧窗口。

（6）right 样式：通过设置 margin-right 让其可以贴在最右侧窗口。

（7）footer 样式：设置清除左、右的浮动元素。

通过上述的多种样式设计，最终实现了三行三列且中间列宽度自适应效果。

4.4.8 导航菜单

网站中的导航菜单由各个栏目组成，在导航菜单中可以找到指向各个栏目的链接，所以导航菜单基本上可以看作一个链接列表。网站中的导航菜单分为水平导航菜单和垂直导航菜单，下面依次介绍这两种形式的导航菜单。

1．水平导航菜单

由于导航菜单相当于一个链接列表，<li>标签是块级标签，为了使它们在同一行显示，可以使用<li>标签左浮动，彼此相连接，形成水平导航菜单效果。接下来再处理链接元素，可以使用"display:block"把链接显示为块元素，使整个链接区域可点击，同时也允许规定宽度。最后，如果<ul>标签中的内容超过边界，可以使用 overflow:hidden 将它们隐藏。

下面通过一个实例对水平导航菜单进行介绍，代码如下：

```html
<html>
<head>
    <meta charset="utf-8" />
    <title>水平导航菜单</title>
    <style type="text/css">
        <!--
        .nav{
            list-style-type: none;
            overflow: hidden;
            margin: 0;
            padding: 0;}
        .nav li{
          float:left;
        }
        .nav a{
          border:1px solid #000000;
          display: block;
          padding: 5px;
          text-decoration: none;
          text-align: center;
        }
        -->
    </style>
</head>
<body>
    <ul class ="nav">
        <li><a href="#">首页</a></li>
        <li><a href="#">热门商品</a></li>
        <li><a href="#">新品上市</a></li>
    </ul>
</body>
</html>
```

运行效果如图 4-32 所示。

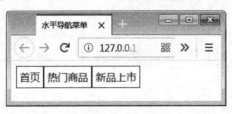

图 4-32　运行效果

2. 垂直导航菜单

垂直导航菜单比水平导航菜单简单，只需要定义<a>元素的样式就可以了。

可以通过下述代码来学习垂直导航菜单效果：

```html
<html>
<head>
        <meta charset="utf-8" />
        <title>垂直导航菜单</title>
        <style type="text/css">
            <!--
            .nav{
                list-style-type: none;
                overflow: hidden;
                margin: 0;
                padding: 0;
            }
            .nav a{
                border:1px solid #000000;
                display: block;
                padding: 5px;
                text-decoration: none;
                text-align: center;
                height:2em;
                line-height: 2em;
            }
            -->
        </style>
</head>
    <body>
        <ul class ="nav">
            <li><a href="#">首页</a></li>
            <li><a href="#">热门商品</a></li>
            <li><a href="#">新品上市</a></li>
        </ul>
</body>
</html>
```

运行效果如图 4-33 所示。

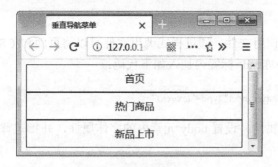

图 4-33　运行效果图

4.5　综合实例

本节通过一个实例的实施来加深对 DIV、CSS 布局的理解。我们将从实现流程来讲解布局全过程。

页面规划布局需要完成下述几个方面的工作：
- 页面功能需求分析；
- 页面布局规划实施；
- 页面实现。

4.5.1　页面功能需求分析

本例要实现一个针对著名旅游景点九寨沟的宣传介绍页面，功能比较简单，主要是实现信息展示功能，展现形式包括图片性介绍、文字性介绍等。

4.5.2　页面布局规划实施

将整个页面分为头部、主体和底部，其中头部又分为 logo 部分和导航部分，中间内容又分为左侧"景区看点"、中间正文、右上侧"景区动态"和右下侧"特色推荐"。

规划本例由以下三部分组成。
- 文件 index.html：页面布局文件。
- 文件 style.css：页面样式文件。
- 文件夹 images：保存系统所需要的素材图片。

4.5.3　页面实现

经过前面的需求分析和布局规划后，开始进入具体的页面实施操作，页面实现流程如下：
- 制作页面头部。
- 制作页面主体。
- 制作页面底部。
- 解决兼容性问题。

1．制作页面头部

制作页面头部的基本过程为：编写调用文件，实现对样式文件的调用；设置页面整体属性；

编写导航样式。

（1）设置外部样式调用文件：通过样式调用文件可以将页面和 CSS 文件关联起来，具体实现方法是在<head>、</head>标签内加入如下代码：

```
<link href="20.css" rel="stylesheet" type="text/css">
```

（2）设置页面整体属性：设置 body 元素内的字体属性，并指定背景图片、整体的边界，实现代码如下：

```
body{
    margin: 0px;
    padding:0px;
    text-align:center;
    font-size:12px;
    font-family:Arial, Helvetica, sans-serif;
    background: url(img/bg99.jpg) no-repeat center;
}
```

页面头部信息的实现代码如下：

```
<!DOCTYPE html PUBLIC "-//W3C//DTD XHTML 1.0 Transitional//EN" "http://www.w3.org/TR/xhtml1/DTD/xhtml1-transitional.dtd">
<html>
<head>
<meta charset="UTF-8">
<title>九寨沟旅游</title>
<link href="style.css" rel="stylesheet" type="text/css">
</head>
```

（3）制作 banner：此部分指定 banner 元素的显示效果，首先确定元素的大小，然后对元素进行定位处理，对应的样式代码如下：

```
#banner{
    background-image: url(img/banner_9.png);
    background-repeat: no-repeat;
    height: 149px;
    background-position: left top;
}
```

（4）制作导航列表元素：此部分是设置导航列表元素的修饰样式，先设置列表的整体样式，再设置列表菜单的显示样式及链接样式，对应样式代码如下：

```
#container{
    position:relative;
    margin:0px auto 0px auto;
```

```css
        width:900px;
        text-align:left;
}
#globallink{
        margin:0px; padding:0px;
}
#globallink ul{
    list-style:none;
        padding:0px; margin:0px;
}
#globallink li{
        float:left;
        text-align:center;
        width:78px;
}
#globallink a{
        display:block;
        padding:9px 6px 11px 6px;
        background:url(img/button1.jpg) no-repeat;
        margin:0px;}
#globallink a:link, #globallink a:visited{
        color:#004a87;
        text-decoration:underline;}
#globallink a:hover{
        color:#FFFFFF;
        text-decoration:underline;
        background:url(img/button1_bg.jpg) no-repeat;}
```

经过上述步骤后,整个头部页面样式设计完毕,将上述代码保存在style.css文件、index.html文件中,实现代码如下:

```html
<DIV id="container">
    <!--<DIV id="banner"><img src="img/banner_9.png"></DIV>-->
    <DIV id="banner"></DIV>
    <DIV id="globallink">
        <ul>
            <li><a href="#">首页</a></li>
            <li><a href="#">九寨简介</a></li>
            <li><a href="#">九寨历史</a></li>
            <li><a href="#">自然环境</a></li>
            <li><a href="#">自然资源</a></li>
            <li><a href="#">动物资源</a></li>
```

```
            <li><a href="#">景区分布</a></li>
            <li><a href="#">民俗风情</a></li>
            <li><a href="#">自然奇观</a></li>
            <li><a href="#">九寨沟攻略</a></li>
        </ul>
        <br>
    </DIV>
</DIV>
```

头部显示效果如图 4-34 所示。

图 4-34 头部显示效果

2. 制作页面主体

页面的主体包括四部分：左侧景区看点部分、中间文字介绍部分、右侧景区动态和特色推荐部分。实现主体的基本过程如下：

（1）设置主体父元素样式。

（2）设置左侧整体样式。

（3）设置中间样式部分。

（4）设置右侧景区动态和特色推荐部分。

下面对具体实施流程进行详细介绍。

（1）整体父级元素样式：由于页面主体都是放置在一个整体 DIV 中的，对应的样式参照 container 样式即可。

（2）设置左侧整体样式：此部分功能设置左侧元素整体显示效果。首先需要设置元素的浮动属性、字体颜色和背景颜色等样式，具体代码如下：

```
#left{
    float:left;
    width:250px;
    background-color:#FFFFFF;
    margin:0px;
    padding:0px 0px 5px 0px;
    color:#d8ecff;
}
```

由于 left 中有部分特殊效果，可以单独设置如下：

```
#left DIV h3{
    font-size:12px;
```

```css
        padding:4px 0px 2px 15px;
        color:#003973;
        margin:0px 0px 5px 0px;
        background:#bbddff url(img/icon2.gif) no-repeat 5px 7px;
}
```

此部分左侧主要显示景点三个特色的看点,采用的是导航式菜单,对应样式代码如下:

```css
#watching{
        padding:0px 0px 10px 0px;
}
#watching ul{
        list-style:none;
        margin:-5px 0px 0px 0px;
        padding:0px;
}
#watching ul li{
        text-align:center;
}
#watching ul li img{
        border:1px solid #FFFFFF;
        margin:8px 0px 0px 0px;
}
#watching ul li a:link, #watching ul li a:visited{
        color:#d8ecff;
        text-decoration:none;
}
#watching ul li a:hover{
        color:#FFFF00;
        text-decoration:underline;
}
```

(3)设置中间部分整体样式:中间部分是直接的文字显示,因此,样式的设置比较简单,也要关注是 float 属性设置,代码如下:

```css
#middle{
        background-color:#FFFFFF;
        margin:0px 0px 0px 2px;
        padding:5px 0px 0px 0px;
        width:500px; float:left;
}
#middle DIV{
        margin-left:5px;
        margin-right:5px;
        position:relative;
```

```
}
#middle h3{
    margin:0px; padding:0px;
    height:41px;
text-align: center;
    font: "楷体";
}
```

（4）右侧部分整体样式：右侧部分是两个相似的效果，因此使用一个样式设置即可，对应代码如下：

```
#right{
    float:left;
    margin:0px 0px 1px 2px;
    width:140px;
    background-color:#FFFFFF;
    color:#d8ecff;}
#right DIV{
    position:relative;
    margin-left:5px;
    margin-right:5px;
    background-color:#5ea6eb;
}
#right DIV h3{
    font-size:12px;
    padding:4px 0px 2px 15px;
    color:#003973;
    margin:0px 0px 5px 0px;
    background:#bbddff url(img/icon2.gif) no-repeat 5px 7px;
}
#dynamic{
    padding-top:10px;
}
#dynamic ul {
    list-style:none;
    padding:0px 0px 10px 0px;
    margin:10px 10px 0px 10px;
}
#dynamic ul li {
    background:url(img/icon1.gif) no-repeat 3px 9px;
    padding:3px 0px 3px 12px;
    border-bottom:1px dashed #EEEEEE;
}
#dynamic ul li a:link, #dynamic ul li a:visited{
    color:#d8ecff;
```

```css
    text-decoration:none;
}
#dynamic ul li a:hover {
    color:#000000;
    text-decoration:none;
}
```

经过上述样式设计后，在 index.html 文件中实现整体调用即可，具体实现代码如下：

```html
<DIV id="left">
<DIV id="watching">
    <h3><span>景区看点</span></h3>
    <ul>
    <li><a href="#"><img src="img/t1.jpg"></a></li>
    <li><a href="#">雪峰</a></li>
    <li><a href="#"><img src="img/t2.jpg"></a></li>
    <li><a href="#">翠海</a></li>
    <li><a href="#"><img src="img/t3.jpg"></a></li>
    <li><a href="#">叠瀑</a></li>
    </ul>
    <br>
</DIV></DIV>
<DIV id="middle">
<DIV><h3>走进九寨</h3>
    <p>       九寨沟是大自然鬼斧神工之杰作。这里四周雪峰高耸，湖水清澈艳丽，飞瀑多姿多彩，急流汹涌澎湃，林木青葱婆娑。蓝蓝的天空，明媚的阳光，清新的空气和点缀其间的古老村寨、栈桥、磨坊，组成了一幅内涵丰富、和谐统一的优美画卷，历来被当地藏族同胞视为&ldquo;神山圣水&rdquo;。九寨沟景区开放后，东方人称之为&ldquo;人间仙境&rdquo;，西方人则将之誉为&ldquo;童话世界&rdquo;。</p>
…</DIV></DIV>
<DIV id="right">
<DIV id="dynamic">
            <h3><span>景区动态</span></h3>
            <ul>
                <li><a href="#">行业新闻</a></li>
                <li><a href="#">重建专题</a></li>
                <li><a href="#">旅游公告</a></li>
                <li><a href="#">景区维修</a></li>
                <li><a href="#">投票调查</a></li>
                <li><a href="#">法制九寨</a></li>
                <li><a href="#">生态保护</a></li>
                <li><a href="#">景区规划</a></li>
                <li><a href="#">景区天气</a></li>
                <li><a href="#">门票信息</a></li>
                <li><a href="#">机票信息</a></li>
```

```
        </ul><br>
</DIV></DIV>
```

运行效果如图 4-35 所示。

图 4-35　运行效果

3．制作页面底部

整个页面底部信息比较少，对应代码和样式设置如下即可：

```css
#footer{
     background-color:#FFFFFF;
     margin:1px 0px 0px 0px;
     clear:both;
     position:relative;
     padding:1px 0px 1px 0px;
}
#footer p{
     text-align:center;
     padding:0px;
     margin:4px 5px 4px 5px;
     background-color:#5ea6eb;
}
#footer p a{
     color:#FFFFFF;
     text-decoration:none;
}
```

对应布局代码如下：

```
<DIV id="footer">
        <p>All&copy;版权所有  <a href="mailto:demo@demo.com">demo@demo.com</a></p>
    </DIV>
```

完成了整体样式和代码设计后，整体页面运行效果如图 4-36 所示。

图 4-36　运行效果

至此，整个实例介绍完毕，至于其他实现细节，读者可以参考本书中的对应代码查看实现效果。

课后作业

1. 请给出盒模型宽度的计算方法。
2. 在 D:\新建文件夹中创建样式表文件 Web.css，在样式表文件中定义以下样式：
（1）样式名称样式 ys1，内容：大小 14pt，行距 20 像素；
（2）样式名称 body，内容：上下左右边距为 0 像素。
3. 新建一个 X1.html，导入 Web 样式表的定义的样式，将样式 ys1 应用于网页中的正文内容。

第 5 章

JavaScript 基础

5.1 JavaScript 概述

JavaScript 是在 1995 年由 Netscape 公司的 Brendan Eich 在网景导航者浏览器上首次设计实现的。因为 Netscape 与 Sun 公司合作，Netscape 公司管理层希望它的外观看起来像 Java，因此取名为 JavaScript，但实际上它的语法风格与 Self 及 Scheme 较为接近。

为了取得技术优势，微软公司推出了 JScript，CEnvi 公司推出了 ScriptEase，与 JavaScript 同样可在浏览器上运行。1997 年，在 ECMA（欧洲计算机制造商协会）的协调下，由 Netscape、Sun、微软、Borland 公司组成的工作组确定了统一标准：ECMA-262。JavaScript 已经由 ECMA 通过 ECMAScript 实现了语言的标准化，兼容于 ECMA 标准，因此也称 ECMAScript。JavaScript 的版本历史如表 5-1 所示。

表 5-1 JavaScript 的版本历史

年 份	名 称	描 述
1997	ECMAScript 1	第一个版本
1998	ECMAScript 2	版本变更
1999	ECMAScript 3	添加正则表达式；添加 try/catch
1999	ECMAScript 4	没有发布
2009	ECMAScript 5	添加 "strict mode"，严格模式；添加 JSON 支持
2011	ECMAScript 5.1	版本变更
2015	ECMAScript 6	添加类和模块
2016	ECMAScript 7	增加指数运算符 (**)；增加 Array.prototype.includes

JavaScript 是一种基于对象（object）和事件驱动（event driven）并具有安全性能的脚本语言。使用它的目的是与 HTML（超文本标记语言）、Java 脚本语言（Java 小程序）一起实现在一个 Web 页面中链接多个对象，与 Web 客户交互作用，从而可以开发客户端的应用程序等。它是通过嵌入或调入在标准的 HTML 中实现的。它的出现弥补了 HTML 的缺陷，它是 Java 与 HTML 折中的选择，具有以下几个基本特点。

（1）脚本语言：JavaScript 是一种解释型的脚本语言，C、C++等语言先编译后执行，而 JavaScript 是在程序的运行过程中逐行进行解释。

（2）基于对象：JavaScript 是一种基于对象的脚本语言，它不仅可以创建对象，而且能使用现有的对象。

（3）简单：JavaScript 语言中采用的是弱类型的变量类型，对使用的数据类型未做出严格的要求，是基于 Java 基本语句和控制的脚本语言，其设计简单紧凑。

（4）动态性：JavaScript 是一种采用事件驱动的脚本语言，它不需要经过 Web 服务器就可以对用户的输入做出响应。在访问一个网页时，在网页中进行单击或上下移动、窗口移动等操作时，JavaScript 就可直接对这些事件给出相应的响应。

（5）跨平台性：JavaScript 脚本语言不依赖于操作系统，仅需要浏览器的支持。因此一个 JavaScript 脚本在编写后可以带到任意计算机上使用，前提是计算机上的浏览器支持 JavaScript 脚本语言，目前 JavaScript 已被大多数浏览器所支持。

（6）安全性：JavaScript 是一种安全性语言，它不允许访问本地的硬盘，并且不能将数据存入到服务器上，不允许对网络文档进行修改和删除，只能通过浏览器实现信息浏览或动态交互。从而有效地防止数据的丢失。

5.2　JavaScript 程序结构

JavaScript 在 Web 页面中的基本用法有两种：一种是采用内嵌方式嵌入到 HTML 文件中，另一种是采用外嵌，即定义.js 文件的方法。

1. 在 HTML 文件中嵌入 JavaScript 语句格式（内嵌）

HTML 中的脚本必须位于 <script> 与 </script> 标签之间，脚本可被放置在 HTML 页面的 <body> 或 <head> 部分中，在 HTML 页面中插入 JavaScript，需要使用 <script> 标签。<script> 和 </script> 会分别告诉 JavaScript 在何处开始和结束，<script> 和 </script> 之间的代码行包含了 JavaScript。

脚本可位于 HTML 的 <body> 或 <head> 部分中，或者同时存在于两个部分中。通常的做法是把函数放入 <head> 部分中，或者放在页面底部，这样就可以把它们安置到同一位置，不会干扰页面的内容，举例说明如下：

```
<!DOCTYPE html>
<html>
<head>
<meta charset="UTF-8">
<script>
alert("第一个 JavaScript");
</script>
</head>

<body>
</body>
</html>
```

代码解释：在 JavaScript 代码中，使用 Window 对象的 alert()函数显示带有一条指定消息和一个"OK"按钮的对话框。可以使用 alert()进行程序的调试，或者向用户警示相关信息。

2. 定义 .js 文件（外嵌）

将 JavaScript 代码放在一个独立的扩展名为 .js 的文件中，在 HTML 文件中调用 JavaScript 定义的.js 文件，在 HTML 文件头部，指明 .js 文件名，举例说明如下：

```
<!DOCTYPE html>
<html>
<head>
<meta charset="UTF-8">
<script src="js/myjs.js"></script>
</head>

<body>
</body>
</html>
```

myjs.js 文件代码如下：

```
alert("第一个 JavaScript");
```

代码解释：在扩展名为 .js 的文件中不需要使用 script 元素，直接书写 JavaScript 的代码即可。

在 Hbuilder 里定义外嵌文件需要新建一个 Web 项目，然后新建一个 HTML 页面，在此页面中加入<script src="js/myjs.js"></script>语句指定外嵌文件的位置，其中 js/myjs.js 代表路径为当前文件夹下的 js 文件夹下面的 myjs.js。接下来在 Web 项目中 js 文件夹下面新建 JavaScript 文件，文件名为 myjs.js，如图 5-1 所示。

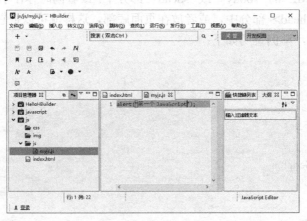

图 5-1 Hbuilder 示意图

5.3 JavaScript 数据类型、变量

JavaScript 脚本语言同其他语言一样，有数据类型和变量。

1. JavaScript 数据类型

JavaScript 主要数据类型有以下几种。

（1）字符串（string）：字符类型的数据需包含在单引号 ' ' 或双引号 " " 之间，当然也可以什么也没有，即空字符串，如"JavaScript"、""等。若需在字符串中显示单引号、双引号以及换行符等特殊字符，则需在上述字符前加上右斜杠 \。例如，\"、\' 和\n 分别表示在字符串中显示双引号、单引号和换行符。

（2）数字（number）：数字类型的取值范围是（5e–324～1.797693e+308）与（–1.797693e+308～–5e–324），取值范围中的 e+n 表示 10^n+n 次方。

（3）布尔（boolean）：布尔值是比较运算的运算结果，其取值只能是 false（假）或 true（真），false 或 true 都应使用小写。例如，表达式 7>12 的返回值为 false。

（4）对象（object）：对象是属性和方法的集合，基本数据类型变量的对应值基本上是唯一的，而对象可以根据方法和属性的不同衍生出多个对象。数组是 JavaScript 中的一种对象类型，使用单独的变量名来存储一系列的值。

（5）空（null）：Null 的类型是对象，用来表示一个变量没有任何数值。

（6）未定义（undefined）：Undefind 是指变量没有定义的任何值。

2. JavaScript 变量

JavaScript 变量是存储数据的容器，变量为松散类型。所谓松散类型就是指当一个变量被申明就可以保存任意类型的值，而不像某些程序语言，申明某个变量为整型就只能保存整型数值，申明为字符串类型就只能保存字符串。一个变量所保存值的类型也可以改变，这在 JavaScript 中是可行的，只是不推荐这样操作。

JavaScript 变量可用于存放值和表达式。变量命名的规则如下：

- 变量必须以字母开头。
- 变量也能以 $ 和 _ 符号开头。
- 变量名称对大小写敏感（a 和 A 是不同的变量）。

举例说明如下：

```
var x=5;
var y=6;
var z=x+y;
var pi=3.14;
var a=123e5;
var b=123e-5;
```

代码解释：变量 x、y、z、pi、a、b 都为数字类型变量。其中，a、b 是用科学（指数）计数法来书写的，a 的值为 12300000，b 的值为 0.00123。

```
var m=true;
var n=false;
```

代码解释：变量 m、n 为布尔类型变量。

```
var person="lucky";
```

```
var answer="It's alright";
```

代码解释：变量 person、answer 为字符串类型变量。

5.4 JavaScript 运算符

JavaScript 运算符是用作处理数据的符号，按照运算符的功能，可以大致分为算术运算符、比较运算符、逻辑运算符、赋值运算符、字符串运算符、条件运算符。

1. JavaScript 算术运算符

算术运算符对数字类型的对象进行操作。算术运算符如表 5-2 所示。

表 5-2 算术运算符

运算符	描述
+	加法运算符
-	减法运算符
*	乘法运算符
/	除法运算符
%	取模运算符（求余）
++	自增运算符
--	自减运算符

加法运算符与减法运算符的举例说明如下：

```
<!DOCTYPE html>
<html>
<head>
<meta charset="UTF-8">
<script>
var x=1;
var y=x+2;
var z=y-1;
alert (x);
alert (y);
alert (z);
</script>
</head>

<body>
</body>
</html>
```

代码解释：此例中定义变量 x，给 x 赋值为 1；定义变量 y，给 y 赋值为 x 的值加上 2；定义变量 z，给 z 赋值为 y 的值–1。使用 alert()函数分别显示 x 的值 1、y 的值 3、z 的值 2。

乘法运算符以及除法运算符的举例说明如下:

```
<!DOCTYPE html>
<html>
<head>
<meta charset="UTF-8">
<script>
var x=5;
var y=x/2;
var z=y*2
alert (x);
alert (y);
alert (z);
</script>
</head>

<body>
</body>
</html>
```

代码解释:此例中定义变量 x,给 x 赋值为 5;定义变量 y,给 y 赋值为 x 的值除以 2;定义变量 z,给 z 赋值为 y 的值乘以 2。使用 alert()函数分别显示 x 的值 5、y 的值 2.5、z 的值 5。

取模运算符的作用为求余数,举例说明如下:

```
<!DOCTYPE html>
<html>
<head>
<meta charset="UTF-8">
<script>
var x=5;
var y=x%2;
alert (x);
alert (y);
</script>
</head>

<body>
</body>
</html>
```

代码解释:此例中定义变量 x,给 x 赋值为 5;定义变量 y,给 y 赋值为 x 除以 2 的余数。使用 alert()函数分别显示 x 的值 5 和 y 的值 1。

自增运算符++是一元运算符,该运算符作用是对操作数进行加 1 操作。自增运算符相对于操作数的位置有两种不同的自增方式。

(1)先自增后使用:当自增运算符在操作数之前时,JavaScript 会先进行加 1 的操作,再

使用操作数。举例说明如下:

```
<!DOCTYPE html>
<html>
<head>
<meta charset="UTF-8">
<script>
var x=5;
var y=++x;
alert (x);
alert (y);
</script>
</head>

<body>
</body>
</html>
```

代码解释: 此例中函数 alert()显示 x 的值为 6, y 的值为 6。对于 y=++x 来讲, 由于自增运算符在 x 之前, x 会先进行加 1 操作, 所以 x 的值为 6; 之后再进行赋值运算, 所以 y 的值为 6。

(2) 先使用后自增: 当自增运算符在操作数之后时, JavaScript 会先使用操作数, 再进行加 1 的操作。举例说明如下:

```
<!DOCTYPE html>
<html>
<head>
<meta charset="UTF-8">
<script>
var x=5;
var y=x++;
alert (x);
alert (y);
</script>
</head>

<body>
</body>
</html>
```

代码解释:

此例中 alert()显示 x 的值为 6, y 的值为 5。对于 y=x++来讲, 由于自增运算符在 x 之后, 会先进行赋值运算 y=x, 所以 y 的值为 5; 之后 x 再进行加 1 操作, 所以 x 的值为 6。

自减运算符 1 类似于自增运算符, 也是一元运算符, 该运算符的作用是对操作数进行减 1 操作。自减运算符根据相对于操作数的位置有两种不同的自减方式。

(1) 先自减后使用，当自减运算符在操作数之前时，JavaScript 会先进行减 1 的操作，再使用操作数。举例说明如下：

```html
<!DOCTYPE html>
<html>
<head>
<meta charset="UTF-8">
<script>
var x=3;
var y=--x;
document.write(x+"<br />");
document.write(y+"<br />");
</script>
</head>

<body>
</body>
</html>
```

代码解释：此例中 document.write()方法用来网页向文档中输出内容，document.write()属于 DOM 的内容，后面的章节会详细介绍。
为 HTML5 中的换行标记。document.write()显示 x 的值为 2，y 的值为 2。对于 y=--x 来讲，由于自减运算符在 x 之前，x 会先进行减 1 操作，所以 x 的值为 2；之后再进行赋值运算，所以 y 的值为 2。

(2) 先使用后自减：当自减运算符在操作数之后时，JavaScript 会先使用操作数，再进行减 1 的操作。举例说明如下：

```html
<!DOCTYPE html>
<html>
<head>
<meta charset="UTF-8">
<script>
var x=3;
var y=x--;
document.write(x+"<br />");
document.write(y+"<br />");
</script>
</head>

<body>
</body>
</html>
```

代码解释：此例中 document.write()显示 x 的值为 2，y 的值为 3。对于 y=x--来讲，由于自减运算符在 x 之后，会先进行赋值运算 y=x，所以 y 的值为 3；之后 x 再进行减 1 操作，所以 x 的值为 2。

2. JavaScript 比较运算符

比较运算符在逻辑语句中使用，以测定变量或值是否相等。比较运算符如表 5-3 所示。

表 5-3 比较运算符

运算符	描述
==	等于运算符（值相等）
===	绝对等于运算符（值和类型均相等）
!=	不等于运算符（值相等）
!==	不绝对等于运算符（值和类型有一个不相等，或两个都不相等）
>	大于运算符
<	小于运算符
>=	大于等于运算符
<=	小于等于运算符

等于运算符是二元运算符，用于比较运算符左右两个操作数是否相等。若相等，则返回布尔值 true；若不相等，则返回布尔值 false。举例说明如下：

```
<!DOCTYPE html>
<html>
<head>
<meta charset="UTF-8">
<script>
var x=3;
alert(x==3);
alert(x==5);
</script>
</head>

<body>
</body>
</html>
```

代码解释：此例中 alert()函数分别显示 x==3 的值为 true 和 x==5 的值为 false。

绝对等于运算符与等于运算符相似，也是二元运算符，用于比较等于运算符左右两个操作数是否相等。如果相等，则返回布尔值 true；若不相等，则返回布尔值 false。绝对等于运算符与等于运算符的区别在于，等于运算符只比较操作数的值是否相等，而绝对等于运算符比较值以及类型是否相等，只有当左右两个操作数的值和类型都相等时，才会返回 true。举例说明如下：

```
<!DOCTYPE html>
<html>
<head>
<meta charset="UTF-8">
<script>
```

```
var x=1;
alert(x===1);
alert(x==="1");
</script>
</head>

<body>
</body>
</html>
```

代码解释：此例中 alert()函数分别显示 x===1 的值为 true 和 x==="1"的值为 false。因为"1"为字符串类型，与 1 类型不相等，所以 x==="1"的值为 false。

不等于运算符是二元运算符，用于比较不等于运算符左右两个操作数是否不相等。如果不相等，则返回布尔值 true；若相等，则返回布尔值 false。举例说明如下：

```
<!DOCTYPE html>
<html>
<head>
<meta charset="UTF-8">
<script>
var x=3;
alert(x!=3);
alert(x!=5);
</script>
</head>

<body>
</body>
</html>
```

代码解释：alert()函数分别显示 x!=3 的值为 false 和 x!=5 的值为 true。

不绝对等于运算符与不等于运算符相似，也是二元运算符，用于比较不等于运算符左右两个操作数是否相等。如果不相等，则返回布尔值 true；若相等，则返回布尔值 false。不绝对等于运算符与不等于运算符的区别在于，不等于运算符只比较操作数的值是否不相等，而不绝对等于运算符比较值以及类型是否不相等，只有当左右两个操作数的值和类型都不相等时，才会返回 true。举例说明如下：

```
<!DOCTYPE html>
<html>
<head>
<meta charset="UTF-8">
<script>
var x=1;
alert(x!==1);
alert(x!=="1");
```

```
    </script>
  </head>

  <body>
  </body>
</html>
```

代码解释：此例中 alert()函数分别显示 x!==1 的值为 false 和 x!=="1"的值为 true。因为"1"为字符串类型，与 1 类型不相等，所以 x!=="1"的值为 true。

大于运算符和小于运算符均为二元运算符，用于比较运算符左右两个操作数，返回布尔值 true 或者 false。举例说明如下：

```
<!DOCTYPE html>
<html>
  <head>
    <meta charset="UTF-8">
    <script>
      var x=5;
      var y=3;
      alert (x>y);
      alert (x<y);
    </script>
  </head>

  <body>
  </body>
</html>
```

代码解释：此例中 alert()函数分别显示 x>y 的值为 true 和 x<y 的值为 false。

大于等于运算符和小于等于运算符均为二元运算符，用于比较运算符左右两个操作数，返回布尔值 true 或 false。举例说明如下：

```
<!DOCTYPE html>
<html>
  <head>
    <meta charset="UTF-8">
    <script>
      var x=3;
      var y=3;
      alert (x>=y);
      alert (x<=y);
    </script>
  </head>

  <body>
```

```
</body>
</html>
```

代码解释：此例中 alert()函数分别显示 x>=y 的值和 x<=y 的值均为 true。

3. JavaScript 逻辑运算符

逻辑运算符是二元运算符，用于测定变量或值之间的逻辑，操作对象为布尔值或布尔变量。逻辑运算符如表 5-4 所示。

表 5-4　逻辑运算符

运算符	描　　述
&&	逻辑与运算符（and）
||	逻辑或运算符（or）
!	逻辑非运算符（not）

逻辑与运算符是二元运算符，要求左右两边的操作对象都必须是布尔类型。逻辑与运算符是进行 AND 运算，左右两边的操作对象的值均为 true 时，运算结果为 true；左右两边的操作对象的值有一个或两个为 false 时，运算结果为 false。举例说明如下：

```
<!DOCTYPE html>
<html>
<head>
<meta charset="UTF-8">
<script>
var x=true;
var y=false;
alert (x&&x);
alert (x&&y);
</script>
</head>

<body>
</body>
</html>
```

代码解释：此例中 alert()函数分别显示 x&&x 的值为 true 和 x&&y 的值为 false。

逻辑或运算符是二元运算符，要求左右两边的操作对象都必须是布尔类型。逻辑或运算符是进行 OR 运算，左右两边的操作对象的值均为 false 时，运算结果为 false；左右两边的操作对象的值有一个或两个为 true 时，运算结果为 true。举例说明如下：

```
<!DOCTYPE html>
<html>
<head>
<meta charset="UTF-8">
<script>
```

```
var x=1;
var y=1;
alert (x<0||x==y);
alert (x<0||x<y);
</script>
</head>

<body>
</body>
</html>
```

代码解释： 此例中 alert()函数分别显示 x<0||x==y 的值为 true 和 x<0||x<y 的值为 false。

逻辑非运算符是一元运算符，要求操作对象必须是布尔类型。逻辑非运算符是进行取反运算，操作对象的值是 true 时，运算结果为 false；操作对象的值是 false 时，运算结果为 true。举例说明如下：

```
<!DOCTYPE html>
<html>
<head>
<meta charset="UTF-8">
<script>
var x=1;
var y=1;
alert (!(x==y));
</script>
</head>

<body>
</body>
</html>
```

代码解释： 此例中 alert()函数显示!(x==y))的值为 false。

4. JavaScript 赋值运算符

赋值运算符是二元运算符，用于给变量赋值。赋值运算符如表 5-5 所示。

表 5-5 逻辑运算符

运 算 符	描 述
=	x=y
+=	x+=y 等同于 x=x+y
-=	x-=y 等同于 x=x-y
*=	x*=y 等同于 x=x*y
/=	x/=y 等同于 x=x/y
%=	x%=y 等同于 x=x%y

赋值运算符=是最常用的运算符之一。举例说明如下：

```
<!DOCTYPE html>
<html>
<head>
<meta charset="UTF-8">
<script>
var x=5;
var y=1;
y=x;
alert (x);
alert (y);
</script>
</head>

<body>
</body>
</html>
```

代码解释：此例中alert()函数分别显示x的值为5和y的值为5。

赋值运算符+=的举例说明如下：

```
<!DOCTYPE html>
<html>
<head>
<meta charset="UTF-8">
<script>
var x=5;
var y=5;
x+=y;
alert (x);
</script>
</head>

<body>
</body>
</html>
```

代码解释：此例中x+=y等同于x=x+y。alert()函数显示x值为10。

赋值运算符-=的举例说明如下：

```
<!DOCTYPE html>
<html>
<head>
<meta charset="UTF-8">
```

第 5 章　JavaScript 基础

```
<script>
var x=5;
var y=5;
x-=y;
alert (x);
</script>
</head>

<body>
</body>
</html>
```

代码解释：此例中 x-=y 等同于 x=x-y。alert()函数显示 x 值为 0。

赋值运算符*=的举例说明如下：

```
<!DOCTYPE html>
<html>
<head>
<meta charset="UTF-8">
<script>
var x=5;
var y=5;
x*=y;
alert (x);
</script>
</head>

<body>
</body>
</html>
```

代码解释：此例中 x*=y 等同于 x=x*y 。alert()函数显示 x 值为 25。

赋值运算符/=的举例说明如下：

```
<!DOCTYPE html>
<html>
<head>
<meta charset="UTF-8">
<script>
var x=5;
var y=5;
x/=y;
alert (x);
</script>
</head>
```

```
<body>
</body>
</html>
```

代码解释：此例中 x/=y 等同于 x=x/y。alert()函数显示 x 值为 1。

赋值运算符%=的举例说明如下：

```
<!DOCTYPE html>
<html>
<head>
<meta charset="UTF-8">
<script>
var x=5;
var y=5;
x%=y;
alert (x);
</script>
</head>

<body>
</body>
</html>
```

代码解释：此例中 x%=y 等同于 x=x%y。alert()函数显示 x 值为 0。

5. JavaScript 字符串运算符

字符串运算符只有一个+运算符，该运算符不同于算术运算符中的+，它的操作对象是字符串，作用是连接左右两个字符串，返回连接后的字符串。举例说明如下：

```
<!DOCTYPE html>
<html>
<head>
<meta charset="UTF-8">
<script>
var txt1="What a very ";
var txt2="nice day";
var txt3=txt1+txt2;
document.write(txt3);
</script>
</head>

<body>
</body>
</html>
```

代码解释： 此例中 document.write() 显示 txt3 的值为"What a very nice day"。注意在给变量 txt1 赋值时，字符串"What a very "的尾端包含了一个空格。

运算符+根据左右两个操作数的类型来决定该运算符是字符串运算符+，还是算术运算符+。当左右两个操作数都是数字类型时，进行加法运算；当左右两个操作数有一个或两个是字符串运算符时，进行字符串连接操作。举例说明如下：

```
<!DOCTYPE html>
<html>
<head>
<meta charset="UTF-8">
<script>
var x=1+1;
var y="1"+1;
var z="Hello"+1;
document.write(x+"<br />");
document.write(y+"<br />");
document.write(z+"<br />");
</script>
</head>


<body>
</body>
</html>
```

代码解释： 此例中 document.write() 显示 x 的值为 2，y 的值为"11"，z 的值为"Hello1"。其中只有 1+1 是进行算术运算符+，其余均为字符串运算符+。

6. JavaScript 条件运算符

条件运算符只有一个 ?: 运算符，是 JavaScript 中唯一的三元运算符。该运算符具有三个操作对象，第一个操作对象必须是布尔类型，第二个以及第三个操作对象可以是任意类型。条件运算符操作的结果即返回值是由第一个操作对象的值决定的，当第一个操作对象的值为 true 时，返回第二个操作对象的值；当第一个操作对象的值为 false 时，返回第三个操作对象的值。举例说明如下：

```
<!DOCTYPE html>
<html>
<head>
<meta charset="UTF-8">
<script>
var x=3;
var y=1;
var z=5;
document.write(x>=y?x:y);
document.write("<br />");
```

```
            document.write(x>=z?x:z);
        </script>
    </head>
    <body>
    </body>
</html>
```

代码解释：此例中 document.write()显示 x>=y?x:y 的值为 3，因为 x>=y 的值为 true，所以返回第二个操作对象 x 的值，即 3。document.write()显示 x>=z?x:z 的值为 5，因为 x>=z 的值为 false，所以返回第二个操作对象 z 的值，即 5。

5.5 JavaScript 程序控制语句

JavaScript 程序结构由以下三种逻辑结构组成。
（1）顺序结构：顺序结构是一种线性的、有序的结构，它从上到下执行程序语句。
（2）选择结构：选择结构根据条件成立与否选择程序执行的通路。
（3）循环结构：循环结构重复执行一个或几个语句，直到满足某一条件为止。
顺序结构是 JavaScript 的基本结构，而选择结构和循环结构都是由 JavaScript 程序控制语句实现的。

1. JavaScript 条件语句

JavaScript 条件语句可以实现选择结构，可以基于不同的条件来执行不同语句，条件语句有以下四种形式。
（1）if 语句：只有当 if 条件为 true 时，才执行 if 后面的代码。语法格式如下：

```
if(条件表达式){
    当条件表达式为 true 时执行的语句;
}
```

举例说明如下：

```
<!DOCTYPE html>
<html>
<head>
<meta charset="UTF-8">
<script>
var x="";
var time=new Date().getHours();
if (time<=9){
            x="Good moring!";
            document.write(x);
```

```
        }
    </script>
</head>

<body>
</body>
</html>
```

代码解释: 此例中程序控制语句 new Date().getHours()是 JavaScript 中获取当前系统时间中小时的函数。当获取到的系统时间小于或等于 9 点时,document.write()显示 x 的值为"Good moring!"。

(2) if...else 语句:当条件为 true 时,执行 if 后面的代码;当条件为 false 时,执行 else 后面的代码。语法格式如下:

```
if(条件表达式){
    当条件表达式为 true 时执行的语句;
}else{
    当条件表达式为 false 时执行的语句;
}
```

举例说明如下:

```
<!DOCTYPE html>
<html>
<head>
<meta charset="UTF-8">
<script>
var x="";
var time=new Date().getHours();
if (time<=20)
{
    x="Good day!";
}
else
{
    x="Good evening!";
}
document.write(x);
</script>
</head>

<body>
</body>
</html>
```

代码解释：此例中如果获取到的系统时间小于或等于 20 点时，document.write()显示 x 的值为"Good day!"，否则显示 x 的值为"Good evening!"。

（3）if...else if...else 语句：使用该语句来选择多个代码块之一来执行。语法格式如下：

```
if(条件表达式 1){
当条件表达式 1 为 true 时执行的语句;
}else if(条件表达式 2){
当条件表达式 2 为 true 时执行的语句;
}else if(条件表达式 3){
当条件表达式 3 为 true 时执行的语句;
中间可以有任意个 else if;
}
else{
当以上条件表达式都为 false 时执行的语句;
else 不是必须要有的;
}
```

举例说明如下：

```
<!DOCTYPE html>
<html>
<head>
<meta charset="UTF-8">
<script>
var score=parseInt(Math.random()*100+1)
if (score<60)
{
    document.write("不及格");
}
else if (score>=60 && score<80)
{
    document.write("良好");
}
else
{
    document.write("优秀");
}
document.write(x);
</script>
</head>

<body>
</body>
</html>
```

代码解释：此例中 Math.random()函数返回介于 0~1 之间的一个随机数，包含 0，但是不包含 1。parseInt()函数对小数进行取整操作，小数部分直接丢弃。parseInt(Math.random()*100+1)最终产生 1~100 的随机整数。当 score 的值小于 60 时，document.write()显示的值为"不及格"，当 score 的值大于 60 并且小于 80 时，document.write()显示的值为"良好"，否则显示的值为"优秀"。

（4）switch 语句：使用该语句来选择多个代码块之一来执行，条件表达式的值会与结构中的每个 case 的值做比较。如果存在匹配，则与该 case 关联的语句块会被执行。break 语句用来阻止代码自动地向下一个 case 运行。语法格式如下：

```
switch(条件表达式){
case 常量 1:
    语句;
    break;
case 常量 2:
    语句;
    break;
case 常量 n:
    语句;
    break;
default:
    语句;
}
```

举例说明如下：

```
<!DOCTYPE html>
<html>
<head>
<meta charset="UTF-8">
<script>
var d=new Date().getDay();
switch (d)
{
  case 0:
     x="今天是星期日";
     break;
  case 1:
     x="今天是星期一";
     break;
  case 2:
     x="今天是星期二";
     break;
  case 3:
     x="今天是星期三";
```

```
            break;
        case 4:
            x="今天是星期四";
            break;
        case 5:
            x="今天是星期五";
            break;
        case 6:
            x="今天是星期六";
            break;
    }
    document.write(x);
</script>
</head>

<body>
</body>
</html>
```

代码解释：此例中 new Date().getDay()是 JavaScript 中获取一周某一天的数字，0 代表星期天，1 代表星期一，依次类推。条件表达式 d 的值与 case 后面的值进行匹配，如果匹配上，就会执行 case 后面的语句块，显示今天对应的是星期几。

2. JavaScript 循环语句

JavaScript 条件语句是实现循环结构，基于不同的条件来执行不同语句，条件语句有以下三种形式。

（1）for 循环：for 循环以指定的次数重复执行语句块。for 循环中的语句 1 为循环初值，在循环开始前执行，语句 2 为循环条件，是执行语句块的条件，语句 3 为步长，在语句块执行后执行。语法格式如下：

```
for(语句 1—循环初值;语句 2—循环条件;语句 3—步长){
    循环体-语句块;
}
```

举例说明如下：

```
<!DOCTYPE html>
<html>
<head>
<meta charset="UTF-8">
<script>
for (var i=0;i<5;i++){
    document.write(i+"<br />");
}
</script>
```

```
</head>

<body>
</body>
</html>
```

代码解释：进入 for 循环，第一步执行 var i=0；第二步进行循环条件判断 i<5，条件判断结果为 true；第三步进入循环体语句块，即 document.write()输出 i 的值为 0；第四步执行步长，即 i 的值增加 1；第五步进行循环条件判断 i<5，条件判断结果为 true。接下来继续执行循环体语句块，直到循环条件判断 i<5，条件判断结果为 false，结束循环。

（2）while 循环：当指定的条件为 true 时循环执行指定的语句块。语法格式如下：

```
while(循环条件){
循环体—语句;
}
```

特别说明：while 循环是先判断再执行语句。
举例说明如下：

```
<!DOCTYPE html>
<html>
<head>
<meta charset="UTF-8">
<script>
var i=0;
while(i<5){
    document.write(i+"<br />");
    i++;
}
</script>
</head>

<body>
</body>
</html>
```

代码解释：进入 while 循环，先判断循环条件 i<5，如果为 ture，则执行循环；如果为 false，则退出循环。最终依次换行输出 0、1、2、3、4。

（3）do while 循环：同样当指定的条件为 true 时循环执行指定的代码块。它与 while 循环很相似，不同的是 while 循环进入循环体是需要先判断循环条件是否为 true，而 do while 循环是先执行循环体，再判断循环条件是否为 true。语法格式如下：

```
do{
循环体—语句;
}while(循环条件);
```

举例说明如下:

```
<!DOCTYPE html>
<html>
<head>
<meta charset="UTF-8">
<script>
var i=0;
do{
    document.write(i+"<br />");
    i++;
}while(i<5);
</script>
</head>


<body>
</body>
</html>
```

代码解释:进入 do while 循环,先执行循环体,再判断 i<5,如果为 true,则继续执行循环体;如果为 false,则退出循环。最终依次换行输出 0、1、2、3、4。

当循环变量初始值不满足循环条件时,while 循环和 do while 循环的区别就体现出来。举例说明如下:

```
<!DOCTYPE html>
<html>
<head>
<meta charset="UTF-8">
<script>
var i=5;
while(i<5){
    document.write(i+"<br />");
    i++;
}
</script>
</head>


<body>
</body>
</html>
```

代码解释:循环变量 i 的初始值为 5,进入 while 循环,首先判断循环条件 i<5 为 false,即退出循环。此程序无输出。

```
<!DOCTYPE html>
```

```
<html>
<head>
<meta charset="UTF-8">
<script>
var i=5;
do{
    document.write(i+"<br />");
    i++;
}while(i<5);
</script>
</head>

<body>
</body>
</html>
```

代码解释：循环变量 i 的初始值为 5，进入 do while 循环，首先执行循环体语句块，即输出 5，再对循环变量 i 做加 1 操作，然后判断循环条件 i<5 为 false，退出循环。此程序输出 5。

在循环语句的循环体中，JavaScript 运用循环跳转语句退出循环。JavaScript 的跳转语句包括 break 语句与 continue 语句两种。

break 语句的作用是退出循环，举例说明如下：

```
<!DOCTYPE html>
<html>
<head>
<meta charset="UTF-8">
<script>
for (var i=0;i<5;i++){
    if(i==3){
        break;
    }
    document.write(i+"<br />");
}
</script>
</head>

<body>
</body>
</html>
```

代码解释：进入 for 循环，先依次换行输出 0、1、2，当 i=3 时，满足 if 的判断条件，执行 break 语句，退出循环。

continue 语句的作用是退出当次循环，继续执行下一次循环。与 break 语句不同之处在于，break 语句是退出整个循环，而 continue 语句是退出正在进行的当次循环，进入下一次循环。

举例说明如下：

```
<!DOCTYPE html>
<html>
<head>
<meta charset="UTF-8">
<script>
for (var i=0;i<5;i++){
    if(i==3){
        continue;
    }
    document.write(i+"<br />");
}
</script>
</head>

<body>
</body>
</html>
```

代码解释：进入 for 循环，先依次换行输出 0、1、2，当 i=3 时，满足 if 的判断条件，执行 continue 语句，退出当次循环，继续执行下一次循环，所以继续输出 4。此程序依次换行输出 0、1、2、4。

5.6　JavaScript 函数

JavaScript 函数就是一系列 JavaScript 语句的集合，此语句的集合具有完成某个重复使用的特定功能。当需要该功能时，直接调用此函数即可，不用再次重复这个语句的集合；需要修改该功能时，也只需要修改这个函数即可。使用函数的好处是方便代码重用，减少重复代码，方便修改维护。

JavaScript 函数有系统函数和用户自定义函数两种。系统函数是 JavaScript 预先定义好的函数，我们可以直接使用。用户自定义函数是我们自己编写的函数，简称自定义函数。

1. JavaScript 系统函数

JavaScript 系统函数可以分为以下五类。
（1）常规函数：主要包括以下九个函数。
① alert 函数：显示一个警告对话框，包括一个"OK"按钮。
② confirm 函数：显示一个确认对话框，包括"OK"按钮、"Cancel"按钮。
③ escape 函数：将字符转换成 Unicode 码。
④ eval 函数：计算表达式的结果。
⑤ isNaN 函数：测试是(true)否(false)不是一个数字。
⑥ parseFloat 函数：将字符串转换成符点数字形式。

⑦ parseInt 函数：将符串转换成整数数字形式(可指定几进制)。
⑧ prompt 函数：显示一个输入对话框，提示等待用户输入。
（2）数组函数：主要包括以下四个函数。
① join 函数：转换并连接数组中的所有元素为一个字符串。
② langth 函数：返回数组的长度。
③ reverse 函数：将数组元素顺序颠倒。
④ sort 函数：将数组元素重新排序。
（3）日期函数：主要包括以下二十个函数。
① getDate 函数：返回日期的"日"部分，值为 1～31。
  ② getDay 函数：返回星期几，值为 0～6。其中，0 表示星期日，1 表示星期一，…，6 表示星期六。
③ getHours 函数：返回日期的"小时"部分，值为 0～23。
④ getMinutes 函数：返回日期的"分钟"部分，值为 0～59。
  ⑤ getMonth 函数：返回日期的"月"部分，值为 0～11。其中，0 表示 1 月，2 表示 3 月，…，11 表示 12 月。
⑥ getSeconds 函数：返回日期的"秒"部分，值为 0～59。
⑦ getTime 函数：返回系统时间。
  ⑧ getTimezoneOffset 函数：返回此地区的时差（当地时间与 GMT 格林尼治标准时间的地区时差），单位为分钟。
⑨ getYear 函数：返回日期的"年"部分。返回值以 1900 年为基数，如 1999 年为 99。
⑩ parse 函数：返回从 1970 年 1 月 1 日零时整算起的毫秒数（当地时间）。
⑪ setDate 函数：设定日期的"日"部分，值为 0～31。
⑫ setHours 函数：设定日期的"小时"部分，值为 0～23。
⑬ setMinutes 函数：设定日期的"分钟"部分，值为 0～59。
  ⑭ setMonth 函数：设定日期的"月"部分，值为 0～11。其中，0 表示 1 月，…，11 表示 12 月。
⑮ setSeconds 函数：设定日期的"秒"部分，值为 0～59。
⑯ setTime 函数：设定时间。时间数值为 1970 年 1 月 1 日零时整算起的毫秒数。
⑰ setYear 函数：设定日期的"年"部分。
⑱ toGMTString 函数：转换日期成为字符串，为 GMT 格林尼治标准时间。
⑲ setLocaleString 函数：转换日期成为字符串，为当地时间。
  ⑳ UTC 函数：返回从 1970 年 1 月 1 日零时整算起的毫秒数，以 GMT 格林尼治标准时间计算。
（4）数学函数：主要包括以下十八个函数：
① abs 函数：即 Math.abs（以下同），返回一个数字的绝对值。
② acos 函数：返回一个数字的反余弦值，结果为 0～π。
③ asin 函数：返回一个数字的反正弦值，结果为 $-\pi/2 \sim \pi/2$。
④ atan 函数：返回一个数字的反正切值，结果为 $-\pi/2 \sim \pi/2$。
⑤ atan2 函数：返回一个坐标的极坐标角度值。
⑥ ceil 函数：返回一个数字的最小整数值（大于或等于）。

⑦ os 函数：返回一个数字的余弦值，结果为-1～1。
⑧ c exp 函数：返回 e（自然常数）的乘方值。
⑨ floor 函数：返回一个数字的最大整数值（小于或等于）。
⑩ log 函数：自然对数函数，返回一个数字的自然常数值。
⑪ max 函数：返回两个数的最大值。
⑫ min 函数：返回两个数的最小值。
⑬ pow 函数：返回一个数字的乘方值。
⑭ random 函数：返回一个 0～1 的随机数值。
⑮ round 函数：返回一个数字的四舍五入值，类型是整数。
⑯ sin 函数：返回一个数字的正弦值，结果为-1～1。
⑰ sqrt 函数：返回一个数字的平方根值。
⑱ tan 函数：返回一个数字的正切值。

（5）字符串函数：主要包括以下二十个函数。

① anchor 函数：产生一个链接点(anchor)以作超级链接用。anchor 函数设定<A NAME...>的链接点的名称，另一个函数 link 设定<A HREF=...>的 URL 地址。
② big 函数：将字号加大一号，与<BIG>...</BIG>标签结果相同。
③ blink 函数：使字符串闪烁，与<BLINK>...</BLINK>标签结果相同。
④ bold 函数：使字体加粗，与<B>...</B>标签结果相同。
⑤ charAt 函数：返回字符串中指定的某个字符。
⑥ fixed 函数：将字体设定为固定宽度字体，与<TT>...</TT>标签结果相同。
⑦ fontcolor 函数：设定字体颜色，与<FONT COLOR=color>标签结果相同。
⑧ fontsize 函数：设定字号大小，与<FONT SIZE=n>标签结果相同。
⑨ indexOf 函数：返回字符串中第一个查找到的下标 index，从左边开始查找。
⑩ italics 函数：使字体成为斜体字，与<I>...</I>标签结果相同。
⑪ lastIndexOf 函数：返回字符串中第一个查找到的下标 index，从右边开始查找。
⑫ length 函数：返回字符串的长度。(不用带括号)
⑬ link 函数：产生一个超级链接，相当于设定<A HREF=...>的 URL 地址。
⑭ small 函数：将字号减小一号，与<SMALL>...</SMALL>标签结果相同。
⑮ strike 函数：在文本的中间加一条横线，与<STRIKE>...</STRIKE>标签结果相同。
⑯ sub 函数：显示字符串为下标字(subscript)。
⑰ substring 函数：返回字符串中指定的几个字符。
⑱ sup 函数：显示字符串为上标字(superscript)。
⑲ toLowerCase 函数：将字符串转换为小写。
⑳ toUpperCase 函数：将字符串转换为大写。

2. JavaScript 用户自定义函数

一个代码块需要重复使用的时候，可以将此代码块定义为函数，再次使用同样功能的代码块时，就可以直接调用此函数。

用户自定义函数需要先声明、后使用。使用 function 关键字来声明函数，函数名只能包含字母、数字、下画线、$符号，并且不能以数字开头。参数是调用函数时传递给函数的值，参数根据需要可以有 0 个或多个，多个参数以逗号分隔。使用关键字 return 返回函数的值，如果函数没有返回值，则省略 return 语句。

用户自定义函数有三种声明形式，分别为使用 function 语句声明函数、使用 Function()构造函数声明函数以及使用函数表达式声明函数。

（1）使用 function 语句声明函数：语法格式如下：

```
function 函数名（参数）
{
   代码块;
   return 返回值;
}
```

无参数无返回值的自定义函数举例说明如下：

```
<!DOCTYPE html>
<html>
<head>
<meta charset="UTF-8">
<script>
function myFunction()
{
    alert("myFunction");
}
</script>
</head>

<body>
<button onclick="myFunction()">请单击</button>
</body>
</html>
```

代码解释：此例中用户自定义函数的函数名为 myFunction，函数体使用 alert()函数显示对话框提示信息。按钮中的 onclick 是按钮的单击事件，即单击按钮时执行的操作，而单击按钮时会调用自定义函数，最终效果为单击按钮时对话框显示提示信息"myFunction"。

有参数无返回值的自定义函数举例说明如下：

```
<!DOCTYPE html>
<html>
<head>
<meta charset="UTF-8">
<script>
function myFunction(str)
{
    alert(str);
}
```

```
</script>
</head>

<body>
<button onclick="myFunction('hello world!')">请单击</button>
</body>
</html>
```

代码解释：此例中用户自定义函数 myFunction 的作用是接收一个字符串后用 alert()函数显示此字符串的内容，使用参数 str 进行字符串的传递，所以调用此函数时传递了字符串"hello world!"，最终效果为单击按钮时对话框显示提示信息 hello world!。

有参数有返回值的自定义函数举例说明如下：

```
<!DOCTYPE html>
<html>
<head>
<meta charset="UTF-8">
<script>
function myFunction(a,b){
    return a*b;
}
alert(myFunction(5,3));
</script>
</head>

<body>
</body>
</html>
```

代码解释：此例中用户自定义函数 myFunction 的作用是接收两个参数 a 和 b，然后使用 return 返回参数 a 和 b 之乘积。myFunction(5,3)是调用函数并传入参数 5 和 3，alert()函数显示 myFunction(5,3)的返回值 15。

（2）使用 Function()构造函数声明函数：可为函数传递 0 个或者多个参数，参数之间用逗号分隔，最后一个参数为函数体，函数体中有多个语句，用分号分隔。语法格式如下：

var 函数名=new Function（"参数 1","参数 2","参数 3",…, "函数体"）；

举例说明如下：

```
<!DOCTYPE html>
<html>
<head>
<meta charset="UTF-8">
<script>
var myFunction = new Function("a", "b", "return a * b");
```

```
alert(myFunction(5,3));
</script>
</head>

<body>
</body>
</html>
```

代码解释：此例中使用 Function()构造函数声明自定义函数 myFunction，此函数的参数为 a 和 b，函数体是使用 return 语句返回参数 a 和 b 之乘积。myFunction(5,3)是调用函数并传入参数 5 和 3，alert()函数显示 myFunction(5,3)的返回值 15。

（3）使用函数表达式声明函数：语法格式如下：

var 函数名=function（"参数 1","参数 2","参数 3",…）｛函数体｝;

举例说明如下：

```
<!DOCTYPE html>
<html>
<head>
<meta charset="UTF-8">
<script>
var myFunction= function (a, b) {return a * b};
alert(myFunction(5,3));
</script>
</head>

<body>
</body>
</html>
```

代码解释：此例中使用函数表达式声明自定义函数 myFunction，对比使用 function 语句声明函数的方法，可以发现相似度较高。

5.7　JavaScript 数组

数组是 JavaScript 中的一种复合数据类型，是数据的集合。数组是对象类型，使用单独的变量名来存储一系列的值。

定义数组有以下三种方法。

（1）使用构造函数定义一个没有元素的数组，之后再给数组赋值。举例说明如下：

```
<!DOCTYPE html>
<html>
<head>
```

```
<meta charset="UTF-8">
<script>
var myArray=new Array();
myArray[0]="tom";
myArray[1]="jerry";
myArray[2]="lucky";
</script>
</head>

<body>
</body>
</html>
```

代码解释：此例中定义了一个没有元素的数组 myArray，即空数组，之后为 myArray 数组赋值，使数组拥有 3 个元素。数组元素的下标都从 0 开始，使用数组元素的方法是数组名加上下标，下标必须用方括号括起来。

（2）使用构造函数定义指定元素个数的数组，之后再给数组赋值。举例说明如下：

```
<!DOCTYPE html>
<html>
<head>
<meta charset="UTF-8">
<script>
var myArray=new Array(3);
myArray[0]="tom";
myArray[1]="jerry";
myArray[2]="lucky";
</script>
</head>

<body>
</body>
</html>
```

代码解释：此例中定义了一个具有 3 个元素的数组 myArray，此时数组元素的值默认为 undefined，之后再为 myArray 数组元素赋具体的值。

（3）使用构造函数定义数组并指定数组元素的值。举例说明如下：

```
<!DOCTYPE html>
<html>
<head>
<meta charset="UTF-8">
<script>
var myArray=new Array(3,true,"false");
document.write(myArray.length+"<br />");
```

```
document.write(myArray+"<br />");
</script>
</head>

<body>
</body>
</html>
```

代码解释：此例中定义了一个具有 3 个元素的数组 myArray，并指定了数组的值分别为数字值 3、布尔值 true、字符串值"false"。数组的 length 属性可返回数组中元素的个数。

for in 循环的作用是遍历对象，即可以循环输出数组中的元素。举例说明如下：

```
<!DOCTYPE html>
<html>
<head>
<meta charset="UTF-8">
<script>
var myArray=new Array(3,true,"false");
for (var x in myArray)
{
document.write(myArray[x] + "<br />")
}
</script>
</head>

<body>
</body>
</html>
```

代码解释：此例中采用 for in 循环的作用是遍历数组 myArray 的对象，并输出数组元素的值。

5.8　HTML DOM

HTML 文档对象模型（Document Object Model，DOM），是 W3C 组织推荐的处理可扩展标志语言的标准编程接口。在网页上，组织页面（或文档）的对象被组织在一个树形结构中，用来表示文档中对象的标准模型就称为 DOM。

DOM 技术是用户页面可以动态的变化，从而使页面的交互性大大增强。JavaScript 根据 DOM 规范来进行各种操作。当网页被加载时，浏览器就会创建页面的文档对象模型。HTML DOM 可以用树来表示，如图 5-2 所示。

JavaScript 通过使用 DOM，可以创建动态的 HTML。

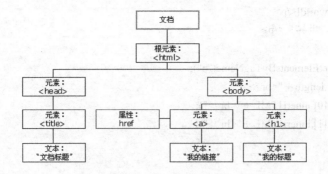

图 5-2 HTML DOM 树

1. 定位 HTML 元素

JavaScript 通过以下三种方式来定位 HTML 元素。

（1）通过 id 定位 HTML 元素：使用的函数是 getElementById()，参数为元素的 id。举例说明如下：

```
<!DOCTYPE html>
<html>
<head>
<meta charset="UTF-8">
<script>
var x=document.getElementById("p1");
document.write( x.innerHTML + "<br />");
</script>
</head>

<body>
<p id="p1">hello world!</p>
</body>
</html>
```

代码解释：此例中使用函数 document.getElementById("p1")定位到元素，并输出对应元素中的内容"hello world!"。document 指载入浏览器的 HTML 文档，document 对象让我们可以从脚本中对 HTML 页面中的所有元素进行访问。

（2）通过标签名定位 HTML 元素：使用的函数是 getElementsByTagName()，参数为元素名称。举例说明如下：

```
<!DOCTYPE html>
<html>
<head>
<meta charset="UTF-8">
</head>

<body>
```

```
<p id="p1">hello world!</p>
<p id="p2">你好,世界!</p>
<script>
var x=document.getElementsByTagName("p");
document.write( x.length + "<br />");
document.write( x[0].innerHTML + "<br />");
document.write( x[1].innerHTML + "<br />");
</script>
</body>
</html>
```

代码解释:此例中使用函数 document.getElementsByTagName("p")定位到此网页所有 p 元素,返回的是一个 NodeList 对象,可根据索引号来定位 p 元素。

getElementsByTagName()函数除了使用 document 对象,还可使用 NodeList 对象,举例说明如下:

```
<!DOCTYPE html>
<html>
<head>
<meta charset="UTF-8">
</head>

<body>
<p>test</p>
<DIV id="main">
<p>hello world!</p>
<p>你好,世界!</p>
</DIV>
<script>
var x=document.getElementById("main");
var y=x.getElementsByTagName("p");
document.write('id="main"元素中的第一个段落为: ' + y[0].innerHTML);
</script>
</body>
</html>
```

代码解释:此例中变量 x 为 id="main"的节点对象,通过 x.getElementsByTagName("p")可返回该节点对象内的所有 p 元素。

(3)通过类名定位 HTML 元素:使用的函数是 getElementsByClassName(),参数为元素的 class。举例说明如下:

```
<!DOCTYPE html>
<html>
<head>
<meta charset="UTF-8">
```

```
</head>

<body>
<DIV id="main">
<p class="intro">hello world!</p>
<p class="intro">你好,世界!</p>
</DIV>
<script>
var x=document.getElementsByClassName("intro");
document.write(x[0].innerHTML);
</script>
</body>
</html>
```

代码解释:此例中使用函数 document.getElementsByClassName("intro")定位到此网页所有 class="intro"的元素,最终输出第一个 class="intro"元素中的内容。

2. 更改 HTML

JavaScript 可以通过 DOM 来更改 HTML,主要有以下四种方式。

(1) 使用函数 document.write()改变 HTML 输出流,举例说明如下:

```
<!DOCTYPE html>
<html>
<head>
<meta charset="UTF-8">
</head>

<body>
<script>
document.write("HTML 输出流");
</script>
</body>
</html>
```

代码解释:此例中直接使用函数 document.write()改变 HTML 输出流,输出文本"HTML 输出流"。

(2) 通过 innerHTML 属性改变 HTML 内容,举例说明如下:

```
<!DOCTYPE html>
<html>
<head>
<meta charset="UTF-8">
</head>

<body>
```

```
<p id="p1">test</p>
<DIV id="main">
<p>hello world!</p>
<p>你好，世界！</p>
</DIV>
<script>
document.getElementById("p1").innerHTML="改变 HTML 内容!";
</script>
</body>
</html>
```

代码解释： 此例中将 id="p1"元素中内容改编为"改变 HTML 内容!"。

（3）通过 src 属性改变 HTML 属性，举例说明如下：

```
<!DOCTYPE html>
<html>
<head>
<meta charset="UTF-8">
</head>

<body>
<img id="image" src="a.jpg">
<script>
document.getElementById("image").src="change.jpg";
</script>
</body>
</html>
```

代码解释： 此例中将 id="image"元素的 src 属性改变，使"a.jpg" 图片改变为 "change.jpg" 图片。

（4）改变 HTML 样式，语法格式如下：

```
document.getElementById(id).style.property=新样式
```

在使用时请注意 property 为具体样式属性。举例说明如下：

```
<!DOCTYPE html>
<html>
<head>
<meta charset="utf-8">
</head>

<body>
<p id="p1">Hello World!</p>
<p id="p2">Hello World!</p>
<script>
```

```
document.getElementById("p2").style.color="red";
document.getElementById("p2").style.fontFamily="Arial";
document.getElementById("p2").style.fontSize="larger";
</script>
</body>
</html>
```

代码解释：此例中将 id="p2"元素的 css 改变。

5.9 JavaScript 事件

JavaScript 中可以响应很多事件，比如单击、鼠标经过、获得焦点等。在 HTML 文档中，每个对象都可能触发某个事件，对这些事件可以采用相应的处理程序，完成特定的功能。

1. JavaScript 鼠标事件

JavaScript 常见的鼠标事件如表 5-6 所示。

表 5-6　JavaScript 鼠标事件

属　　性	描　　述
onclick	单击某个对象时触发
oncontextmenu	右击打开上下文菜单时触发
ondblclick	双击某个对象时触发
onmousedown	鼠标按键被按下时触发
onmouseenter	鼠标移到某元素上时触发
onmouseleave	鼠标从某元素上移开时触发
onmousemove	鼠标移动时触发
onmouseover	鼠标移到某元素及其子元素上时触发
onmouseout	鼠标从某元素及其子元素上移开时触发
onmouseup	鼠标按键被松开时触发

onclick 事件举例说明如下：

```
<!DOCTYPE html>
<html>
<head>
<meta charset="utf-8">
<script>
function myFunction(){
    document.getElementById("id1").innerHTML="Hello World!";
}
</script>
</head>
<body>
```

```
<p>单击按钮触发函数。</p>
<button onclick="myFunction()">点我</button>
<p id="id1"></p>

</body>
</html>
```

代码解释：此例中单击按钮触发 onclick 事件，执行 myFunction()函数，改变 id="id1"的 p 元素中的内容为"Hello World!"。

onmouseover 事件举例说明如下：

```
<!DOCTYPE html>
<html>
<head>
<meta charset="utf-8">
<script>
function myFunction(){
    document.form1.xcoordinate.value = event.screenX;
    document.form1.ycoordinate.value = event.screenY;
}
</script>
</head>
<body>
<form name="form1">
<input type="text" name="fname" onmousemove="myFunction()" /><br />
坐标 x：<input type="text" name="xcoordinate"/><br />
坐标 y：<input type="text" name="ycoordinate" />
</form>
</body>
</html>
```

代码解释：此例中当鼠标在第一个文本输入框上移动时，触发 onmousemove 事件，执行 myFunction()函数，将鼠标的坐标显示在对应的文本输入框中。

onmouseover、onmouseout 事件举例说明如下：

```
<!DOCTYPE html>
<html>
<head>
<meta charset="utf-8">
</head>
<body>
<form name="form1">
鼠标经过：<input type="text" onmouseover="alert('鼠标经过')" /><br />
鼠标离开：<input type="text" onmouseout="alert('鼠标离开')" />
</form>
</body>
```

```
</html>
```

代码解释： 此例中当鼠标移动到第一个文本输入框上时，触发 onmouseover 事件，弹出提示对话框，显示"鼠标经过"；当鼠标离开第一个文本输入框时，触发 onmouseout 事件，弹出提示对话框，显示"鼠标离开"。

2. JavaScript 拖动事件

JavaScript 拖动事件发生在鼠标拖拽时，JavaScript 常见的拖动事件如表 5-7 所示。

表 5-7　JavaScript 拖动事件

属　　性	描　　述
ondrag	元素正在拖动时触发
ondragend	完成元素的拖动时触发
ondragenter	拖动的元素进入放置目标时触发
ondragleave	拖动的元素离开放置目标时触发
ondragover	拖动元素在放置目标上时触发
ondragstart	开始拖动元素时触发
ondrop	拖动元素放置在目标区域时触发

拖动事件举例说明如下：

```
<!DOCTYPE HTML>
<html>
<head>
<meta charset="utf-8">
<style>
.droptarget {
    float: left;
    width: 100px;
    height: 35px;
    margin: 15px;
    padding: 10px;
    border: 1px solid #aaaaaa;
}
</style>
</head>
<body>
<p>在两个矩形框中来回拖动 p 元素:</p>
<DIV class="droptarget" ondrop="drop(event)" ondragover="allowDrop(event)">
    <p ondragstart="dragStart(event)" ondrag="dragging(event)" draggable="true" id="dragtarget">拖动我!</p>
</DIV>
<DIV class="droptarget" ondrop="drop(event)" ondragover="allowDrop(event)"></DIV>
<p style="clear:both;"><strong>注意：</strong>Internet Explorer 8 及更早 IE 版本或 Safari 5.1 及更早版本的浏览器不支持 drag 事件。</p>
```

```
<p id="demo"></p>
<script>
function dragStart(event) {
    event.dataTransfer.setData("Text", event.target.id);
}
function dragging(event) {
    document.getElementById("demo").innerHTML = " p 元素正在拖动";
}
function allowDrop(event) {
    event.preventDefault();
}
function drop(event) {
    event.preventDefault();
    var data = event.dataTransfer.getData("Text");
    event.target.appendChild(document.getElementById(data));
    document.getElementById("demo").innerHTML = "p 元素已被拖动";
}
</script>
</body></html>
```

代码解释：此例应用拖动事件，实现拖动 p 元素并显示提示信息。

3. JavaScript 键盘事件

JavaScript 常见的键盘事件如表 5-8 所示。

表 5-8　JavaScript 键盘事件

属　性	描　述
onkeydown	某个键盘按键被按下
onkeypress	某个键盘按键被按下并松开
onkeyup	某个键盘按键被松开

onkeypress 事件是由 onkeydown 事件和 onkeyup 事件的动作联合组成的。onkeypress 事件举例说明如下：

```
<!DOCTYPE html>
<html>
<head>
<meta charset="utf-8">
</head>
<body>
<input type="text" onkeypress="alert('在输入框按下了键盘按键')">
</body>
</html>
```

代码解释：此例中在输入文本框中按下键盘按键，会显示提示信息。

4. JavaScript 剪贴板事件

JavaScript 常见的剪贴板事件如表 5-9 所示。

表 5-9　JavaScript 框架/对象事件

属　　性	描　　述
oncopy	用户复制元素内容时触发
oncut	用户剪切元素内容时触发
onpaste	用户粘贴元素内容时触发

oncopy 事件举例说明如下：

```html
<!DOCTYPE html>
<html>
<head>
<meta charset="utf-8">
</head>
<body>
<input type="text" oncopy="myFunction()" value="复制文本">
<p id="id1"></p>
<script>
function myFunction() {
    document.getElementById("id1").innerHTML = "复制了文本"
}
</script>

</body>
</html>
```

代码解释：此例中在文本框中复制文本，执行 myFunction()函数，改变 id="id1"的 p 元素中的内容为"拷贝了文本"。

5. JavaScript 框架/对象事件

JavaScript 常见的框架/对象事件如表 5-10 所示。

表 5-10　JavaScript 框架/对象事件

属　　性	描　　述
onabort	图像的加载被中断时被触发
onbeforeunload	即将离开页面（刷新或关闭）时触发
onerror	加载文档或图像时发生错误时触发
onhashchange	当前 URL 的锚部分发生修改时触发
onload	页面或图像完成加载时触发
onpageshow	用户访问页面时触发
onpagehide	离开当前网页跳转到另一个页面时触发
onresize	窗口或框架被重新调整大小时触发
onscroll	当文档被滚动时触发
onunload	用户退出页面时触发

onload 事件、onunload 事件举例说明如下：

```
<!DOCTYPE html>
<html>
<head>
<meta charset="utf-8">
<script>
function load(){
   alert("加载网页");
}
function unload(){
   alert("离开网页");
}
</script>
</head>
<body onload="load()" onunload="unload()" >
</body>
</html>
```

代码解释：此例中在加载页面和离开页面时分别触发 onload 事件和 onunload 事件，显示相应的提示对话框。

6. JavaScript 表单事件

JavaScript 常见的表单事件如表 5-11 所示。

表 5-11　JavaScript 表单事件

属　性	描　　述
onblur	元素失去焦点时触发
onchange	表单元素的内容改变时触发
onfocus	元素获取焦点时触发
onfocusin	元素即将获取焦点时触发
onfocusout	元素即将失去焦点时触发
oninput	元素获取用户输入时触发
onreset	表单重置时触发
onsearch	搜索域输入文本时触发
onselect	选取文本时触发
onsubmit	表单提交时触发

onblur 事件举例说明如下：

```
<!DOCTYPE html>
<html>
<head>
<meta charset="utf-8">
<script>
function myFunction(){
```

```
alert("离开输入框");
}
</script>
</head>

<body>
姓名:<input type="text" onblur="myFunction()">
</body>
</html>
```

代码解释：此例中当鼠标焦点离开文本输入框时，触发 onblur 事件，执行 myFunction() 函数，显示提示对话框，信息为"离开输入框"。

onchange 事件举例说明如下：

```
<!DOCTYPE html>
<html>
<head>
<meta charset="utf-8">
</head>
<head>
<script>
function myFunction(){
document.getElementById("name").value=document.getElementById("name").value.toUpperCase();
}
</script>
</head>

<body>
姓名:<input type="text" id="name" onchange="myFunction()">
</body>
</html>
```

代码解释：此例中当文本输入框的内容改变时，触发 onchange 事件，执行 myFunction() 函数，将 id="name" 的元素内容转换为大写。

onfocus 事件举例说明如下：

```
<!DOCTYPE html>
<html>
<head>
<meta charset="utf-8">
</head>
<head>
<script>
function myFunction(){
    document.getElementById("name").innerHTML="姓名长度为 6～8 个字符，由字母组成"
```

```
}
</script>
</head>

<body>
姓名: <input type="text" onfocus="myFunction()">
<p id="name">请输入姓名</p>
</body>
</html>
```

代码解释：此例中当文本输入框获得鼠标焦点时，触发 onfocus 事件，执行 myFunction() 函数，将 id="name" 的 p 元素中的内容改为 "姓名长度为 6～8 个字符，由字母组成"。

onreset 事件举例说明如下：

```
<!DOCTYPE html>
<html>
<head>
<meta charset="utf-8">
<script>
function myFunction() {
    alert("表单重置！");
}
</script>
</head>

<body>
<form onreset="myFunction()">
    姓名: <input type="text"><br />
    <input type="reset">
</form>
</body>
</html>
```

代码解释：此例中单击重置按钮时，触发 onreset 事件，执行 myFunction() 函数，显示提示对话框，信息为 "表单重置！"。

onsubmit 事件举例说明如下：

```
<!DOCTYPE html>
<html>
<head>
<meta charset="utf-8">
<script>
function myFunction() {
    alert("表单提交！");
}
```

```
</script>
</head>

<body>
<form onsubmit="myFunction()">
    姓名: <input type="text"><br />
    <input type="submit">
</form>
</body>
</html>
```

代码解释：此例中单击提交按钮时，触发 onsubmit 事件，执行 myFunction()函数，显示提示对话框，信息为"表单提交!"。

7. JavaScript 多媒体事件

JavaScript 常见的多媒体事件如表 5-12 所示。

表 5-12 JavaScript 多媒体事件

属性	描述
onabort	视频或音频终止加载时触发
oncanplay	开始播放视频或音频时触发
oncanplaythrough	视频或音频可以正常播放且无须停顿和缓冲时触发
ondurationchange	视频或音频的时长发生变化时触发
onemptied	当期播放列表为空时触发
onended	视频或音频播放结束时触发
onerror	视频或音频数据加载期间发生错误时触发
onloadeddata	浏览器加载视频或音频当前帧时触发
onloadedmetadata	指定视频或音频的元数据加载后触发
onloadstart	浏览器开始寻找指定视频或音频触发
onpause	视频或音频暂停时触发
onplay	视频或音频开始播放时触发
onplaying	视频或音频暂停或者缓冲后准备重新开始播放时触发
onprogress	浏览器下载指定的视频或音频时触发
onratechange	视频或音频的播放速度发送改变时触发
onseeked	重新定位视频或音频的播放位置后触发
onseeking	开始重新定位视频或音频时触发
onstalled	浏览器获取媒体数据，但媒体数据不可用时触发
onsuspend	浏览器读取媒体数据终止时触发
ontimeupdate	当前的播放位置发送改变时触发
onvolumechange	音量发生改变时触发
onwaiting	视频由于要播放下一帧而需要缓冲时触发

onplay 事件举例说明如下：

```
<!DOCTYPE html>
<html>
<head>
<meta charset="utf-8">
```

```
</head>
<body>
<p>按下播放按钮。</p>
<video controls onplay="myFunction()">
    <source src="lucky.mp4" type="video/mp4">
    浏览器不支持 HTML5 video！
</video>
<script>
function myFunction() {
    alert("开始播放视频！");
}
</script>
</body>
</html>
```

代码解释： 此例中开始播放视频时，触发 onplay 事件，执行 myFunction()函数，显示提示对话框，信息为"开始播放视频！"。

8. JavaScript 动画事件

JavaScript 常见的动画事件如表 5-13 所示。

表 5-13　JavaScript 动画事件

属　　性	描　　述
animationend	CSS 动画结束播放时触发
animationiteration	CSS 动画重复播放时触发
animationstart	CSS 动画开始播放时触发

动画事件举例说明如下：

```
<!DOCTYPE html>
<html>
<head>
<meta charset="utf-8">
<meta http-equiv="X-UA-Compatible" content="IE=edge,chrome=1">
<style type="text/css">
#DIV1{
    margin: 200px auto 0;
    width: 200px;
    height: 200px;
    color: #fff;
    background-color: #000;
    -Webkit-animation: transform 3s 2 ease;
}
@-Webkit-keyframes transform {
    0%{
```

```
                -Webkit-transform: scale(1) rotate(50deg);
            }
            30%{
                -Webkit-transform: scale(2) rotate(100deg);
            }
            6%{
                -Webkit-transform: scale(0.5) rotate(-100deg);
            }
            100%{
                -Webkit-transform: scale(1) rotate(0);

            }
        }
    </style>
</head>
<body>
<DIV id="DIV1"></DIV>
<script type="text/javascript">
var o = document.getElementById("DIV1");
o.addEventListener("WebkitAnimationStart", function() {
    alert("动画开始");
})
o.addEventListener("WebkitAnimationIteration", function() {
    alert("动画重复运动");
})
o.addEventListener("WebkitAnimationEnd", function() {
    this.className = "";
    alert("动画结束");
})
</script>
</body>
</html>
```

代码解释：此例中使用 addEventListener() 方法为 DIV 元素添加"animationstart"、"animationiteration"和"animationend"事件。其中 o.addEventListener("WebkitAnimationStart", function()是添加动画开始时事件，o.addEventListener("WebkitAnimationIteration", function()是添加动画重复运动时事件，o.addEventListener("WebkitAnimationEnd", function()是添加动画结束时事件。在动画开始、重复、结束时都会出现相应的提示对话框。

5.10 综合实例

1. 注册实例

此实例使用 JavaScript 实现注册。注册要求：所有输入文本框不能为空；用户名只能由字母、数字、下画线组成,且不能以数字开头,长度必须是 6~20 个字符;密码长度必须是 6~15 个字符,并且两次输入密码必须一致;手机号码必须以 1 开头,长度必须是 11 个字符;固定电话中的第一个输入文本框为区号,长度必须是 3~4 个字符,第二个输入文本框长度必须是 7~8 个字符。效果如图 5-3 所示。

图 5-3 注册实例

具体代码如下:

```
<!DOCTYPE html>
<html>
<head>
    <meta charset="UTF-8">
    <title>注册实例</title>
    <style type="text/css">
        *{margin:0;
          padding:0;
          font-size:14px;
          font-famliy:"微软雅黑";
          font-style:normal; }
        body{background:#FBFBFB;}
        .container{
            border:solid 1px #F1F1F1;
            width:600px;
            height:600px;
            background:#fff;
            margin:20px auto;
            padding-bottom:10px;
        }
        .container h1{
            font-size:22px;
            font-family:微软雅黑;
            text-align:center;
            color:#333;
            display:block;
```

```css
    margin:20px;
    border:0px solid gray;
}
.DIV1{
margin-left:55px;
}
#Name,#Pwd1,#Pwd2,#telphone{
color:gray;
height:25px;
width:200px;
font-size:10px;
padding-left:10px;
margin-top:10px;
}
#btn1,#btn2{
height:25px;
width:60px;
display:block;
float:left;
margin-left:70px;
margin-top:20px;

}
#sex1,#sex2{
margin-left:10px;
margin-top:20px;
line-height:30px;
width:13px;
border:1px solid gray;
}
#phone1{
    width:45px;
}
#phone2{
    width:80px;
}
#phone3{
    width:45px;
}
#phone1,#phone2,#phone3{
color:gray;
height:25px;
font-size:10px;
padding-left:5px;
margin-top:10px;
}
```

```css
#hobby1,#hobby2,#hobby3,#hobby4,#hobby5,#hobby6{
    color:gray;
    height:25px;
    line-height:30px;
    font-size:10px;
    width:13px;
    vertical-align:middle;
    margin-left:5px;
    margin-top:10px;
}
#lname,#ltelphone,#lphone,#lpass1,#lpass2{
    color:#FF0000;
    font-size:10px;

}
</style>
<script>
    window.onload= function(){
        var userName = document.getElementById("Name");
        var lableName = document.getElementById("lname");
        var password1 = document.getElementById("Pwd1");
        var password2 = document.getElementById("Pwd2");
        var labelPassword1 = document.getElementById("lpass1");
        var labelPassword2 = document.getElementById("lpass2");
        var telphone = document.getElementById("telphone");
        var labelTelphone = document.getElementById("ltelphone");
        var phone1 = document.getElementById("phone1");
        var phone2 = document.getElementById("phone2");
        var phone3 = document.getElementById("phone3");
        var labelPhone = document.getElementById("lphone");
        userName.onblur = function(){
            var nameValue = userName.value;
            var pattern = /^[a-zA-Z_]\w{5,19}$/g;
            if(nameValue =="" || nameValue==null){
                lableName.innerHTML = "用户名不能为空!";
            }
            else if(pattern.test(nameValue)){
                lableName.innerHTML = "正确!";
            }
            else{
                lableName.innerHTML = "数字不能开头,长度在 6～20 位之间！";
            }
        }
        password1.onblur = function(){
            var passValue = password1.value;
            var pattern = /^\w{6,15}$/g;
```

```javascript
        if(pattern.test(passValue)){
            labelPassword1.innerHTML = "正确!";
        }
        else if(passValue =="" || passValue==null){
            labelPassword1.innerHTML = "密码不能为空!";
        }
        else{
            labelPassword1.innerHTML = "密码长度在 6～15 位之间！";
        }
    }
    password2.onblur = function(){
        var pass1Value = password1.value;
        var pass2Value = password2.value;
        if(pass2Value =="" || pass2Value==null){
            labelPassword2.innerHTML = "密码不能为空!";
        }
        else if(pass1Value == pass2Value){
            labelPassword2.innerHTML = "输入正确!";
        }
        else if(pass1Value!=pass2Value){
            labelPassword2.innerHTML = "两次密码输入不一致!";
        }
        else{
            labelPassword2.innerHTML = "密码长度在 6～15 位之间！";
        }
    }
    telphone.onblur = function(){
        var telValue = telphone.value;
        var pattern = /^1(83|52|38|)\d{8}$/g;
        if(pattern.test(telValue)){
            labelTelphone.innerHTML = "正确!";
        }
        else if(telValue =="" || telValue==null){
            labelTelphone.innerHTML = "手机号码不能为空!";
        }
        else{
            labelTelphone.innerHTML = "长度必须 11 位！";
        }
    }
    phone1.onblur = function(){
        var phone1Value = phone1.value;
        var pattern = /^\d{3,4}$/g;
        if(pattern.test(phone1Value)){
            labelPhone.innerHTML = "区号正确!";
        }
        else if(phone1Value =="" || phone1Value==null){
```

```
                    labelPhone.innerHTML = "区号不能为空!";
                }
                else{
                    labelPhone.innerHTML = "区号必须3～4位! ";
                }
            }
            phone2.onblur = function(){
                var phone2Value = phone2.value;
                var pattern = /^\d{7,8}$/g;
                if(pattern.test(phone2Value)){
                    labelPhone.innerHTML = "号码正确!";
                }
                else if(phone2Value == "" || phone2Value == null){
                    labelPhone.innerHTML = "号码不能为空!";
                }
                else{
                    labelPhone.innerHTML = "号码必须7～8位! ";
                }
            }


        }
    </script>
</head>
<body>
    <DIV class="container">
        <h1>注册</h1>
        <DIV class="DIV1">
            用户名：<input type = "text" placeholder = "输入用户名" id = "Name"/>
            <label id="lname"></label><br/>
            密码：<input type = "text" placeholder = "输入密码" id = "Pwd1"/>
            <label id="lpass1"></label><br/>
            确认密码：<input type = "text" placeholder = "再次输入密码" id = "Pwd2"/>
            <label id="lpass2"></label><br/>
            性别：<input type="radio"  name="sex" id="sex1"/> 男
            <input type="radio"  name="sex" id="sex2"/> 女<br/>
            手机号码：<input type="text" placeholder="手机号" id="telphone"/>
            <label id="ltelphone"></label><br/>
            固定电话：<input type="text" id="phone1"/>-<input type="text" id="phone2"/>-<input type="text" id="phone3"/>
            <label id="lphone"></label><br/>
            兴趣爱好:<input type="checkbox" id="hobby1"/>全选<input type="checkbox" id="hobby2"/>音乐<input type="checkbox" id="hobby3"/>美术<input type="checkbox" id="hobby4"/>运动<input type="checkbox" id="hobby5"/>读书<input type="checkbox" id="hobby6"/>编程<br/>
            <input type="button" value="注册" id="btn1"/>
            <input type="reset"   value="重置" id="btn2"/>
        </DIV>
```

```
            </DIV>

    </body>
</html>
```

2. 级联菜单实例

此实例是使用 JavaScript 实现级联菜单。根据用户选择的第一个下拉菜单的值，动态改变第二个下拉菜单的值，使第二个下拉菜单中的二级名与第一个下拉菜单中的一级地名对应。效果如图 5-4 所示。

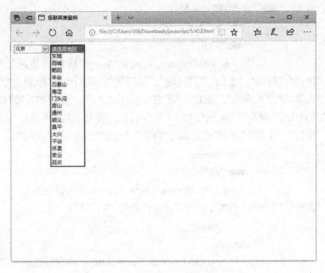

图 5-4　级联菜单实例

具体代码如下：

```
<!DOCTYPE html>
<html>
    <head>
        <meta charset="UTF-8">
        <title>级联菜单实例</title>
        <body>
            <script type="text/javascript">
                function initcity(city) {
                    switch(document.creator["province"].value) {
                        case "北京":
                            var cityOptions = new Array("请选择地区", "", "东城", "东城", "西城",
"西城", "朝阳", "朝阳", "丰台", "丰台", "石景山", "石景山", "海淀", "海淀", "门头沟", "门头沟", "房山", "房山",
"通州", "通州", "顺义", "顺义", "昌平", "昌平", "大兴", "大兴", "平谷", "平谷", "怀柔", "怀柔", "密云", "密云",
"延庆", "延庆");
                            break;
                        case "海南":
```

```
                    var cityOptions = new Array("请选择地区", "", "海口(*)", "海口", "儋县",
"儋县", "陵水", "陵水", "琼海", "琼海", "三亚", "三亚", "通什", "通什", "万宁", "万宁");
                    break;
                case "香港":
                    var cityOptions = new Array("请选择地区", "", "香港", "香港", "九龙",
"九龙", "新界", "新界");
                    break;
                case "上海":
                    var cityOptions = new Array("请选择地区", "", "崇明", "崇明", "黄浦",
"黄浦", "卢湾", "卢湾", "徐汇", "徐汇", "长宁", "长宁", "静安", "静安", "普陀", "普陀", "闸北", "闸北", "虹口",
"虹口", "杨浦", "杨浦", "闵行", "闵行", "宝山", "宝山", "嘉定", "嘉定", "浦东", "浦东", "金山", "金山", "松江",
"松江", "青浦", "青浦", "南汇", "南汇", "奉贤", "奉贤");
                    break;
                case "四川":
                    var cityOptions = new Array("请选择地区", "", "成都(*)", "成都",
"巴中", "巴中", "达川", "达川", "德阳", "德阳", "都江堰", "都江堰", "峨眉山", "峨眉山", "涪陵", "涪陵", "广安",
"广安", "广元", "广元", "九寨沟", "九寨沟", "康定", "康定", "乐山", "乐山", "泸州", "泸州", "马尔康", "马尔康",
"绵阳", "绵阳", "眉山", "眉山", "南充", "南充", "内江", "内江", "攀枝花", "攀枝花", "遂宁", "遂宁", "汶川",
"汶川", "西昌", "西昌", "雅安", "雅安", "宜宾", "宜宾", "自贡", "自贡", "资阳", "资阳");
                    break;
                case "海外":
                    var cityOptions = new Array("请选择地区", "", "欧洲", "欧洲", "北美",
"北美", "南美", "南美", "亚洲", "亚洲", "非洲", "非洲", "大洋洲", "大洋洲");
                    break;
                default:
                    var cityOptions = new Array("请选择地区", "");
                    break;
            }
            document.creator["city"].options.length = 0;
            for(var i = 0; i < cityOptions.length / 2; i++) {
                document.creator["city"].options[i] = new Option(cityOptions[i * 2],
cityOptions[i * 2 + 1]);
                if(document.creator["city"].options[i].value == city) {
                    document.creator["city"].selectedIndex = i;
                }
            }
        }
        function creatprovince(province) {
            var provinces = new Array("北京", "上海", "海南", "香港", "四川", "海外");
            document.creator["province"].options[0] = new Option("请选择省份", "");
            for(var i = 0; i < provinces.length; i++) {
                document.creator["province"].options[i + 1] = new Option(provinces[i],
provinces[i]);
                if(document.creator["province"].options[i + 1].value == province) {
                    document.creator["province"].selectedIndex = i + 1;
                }
```

```html
                    }
                }
            </script>
            <form name=creator>
                <select onchange="initcity();" name="province">
                    <SCRIPT>
                        creatprovince();
                    </SCRIPT>
                </select>
                <select name="city">
                    <option value="">请选择城市</option>
                </select>
            </form>
        </body>
</html>
```

3. 轮播图片实例

此实例是使用 JavaScript 实现轮播图片。图片可以自动轮播，并且可以根据用户选择来显示对应图片。效果如图 5-5 所示。

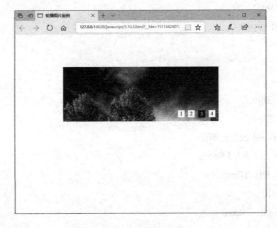

图 5-5 轮播图片实例

具体代码如下：

```html
<!DOCTYPE html>
<head>
    <meta charset="UTF-8">
    <title>轮播图片实例</title>
    <style type="text/css">
        * {
            margin: 0;
            padding: 0;
            list-style: none;
        }
```

```css
.wrap {
    height: 170px;
    width: 500px;
    margin: 100px auto;
    overflow: hidden;
    position: relative;
}

.wrap ul {
    position: absolute;
}

.wrap ul li {
    height: 170px;
}

.wrap ol {
    position: absolute;
    right: 10px;
    bottom: 10px;
}

.wrap ol li {
    height: 20px;
    width: 20px;
    background-color: #fff;
    border: 1px solid #eee;
    margin-left: 10px;
    float: left;
    line-height: 20px;
    text-align: center;
}

.wrap ol li.active {
    background-color: #330099;
    color: #fff;
    border: 2px solid green;
}
```
    </style>
</head>

<body>
    <DIV class="wrap" id="wrap">

```html
    <ul id="pic">
        <li><img src="img/advert1.jpg" alt="advert1.jpg"></li>
        <li><img src="img/advert2.jpg" alt="advert2.jpg"></li>
        <li><img src="img/advert3.jpg" alt="advert3.jpg"></li>
        <li><img src="img/advert4.jpg" alt="advert4.jpg"></li>
    </ul>
    <ol id="list">
        <li class="active">1</li>
        <li>2</li>
        <li>3</li>
        <li>4</li>
    </ol>
</DIV>
<script type="text/javascript">
    window.onload = function() {
        var wrap = document.getElementById('wrap'),
            pic = document.getElementById('pic'),
            list = document.getElementById('list').getElementsByTagName('li'),
            index = 0,
            timer = null;

        if(timer) {

            clearInterval(timer);
            timer = null;
        }
        timer = setInterval(autoplay, 1000);

        function autoplay() {
            index++;
            if(index >= list.length) {
                index = 0;
            }
            changeoptions(index);

        }

        wrap.onmouseover = function() {

            clearInterval(timer);

        }
        wrap.onmouseout = function() {
```

```
                    timer = setInterval(autoplay, 2000);
                }
                for(var i = 0; i < list.length; i++) {
                    list[i].id = i;
                    list[i].onmouseover = function() {
                        clearInterval(timer);
                        changeoptions(this.id);

                    }
                }

                function changeoptions(curindex) {
                    for(var j = 0; j < list.length; j++) {
                        list[j].className = '';
                        pic.style.top = 0;

                    }
                    list[curindex].className = 'active';
                    pic.style.top = -curindex * 170 + 'px';
                    index = curindex;
                }

            }
        </script>
    </body>
</html>
```

课后作业

1. 制作一个网页，采用外嵌 JavaScript 文件，运行网页即弹出提示对话框，信息为"系统路径为:'c:\windows'"。

2. 制作一个网页，采用外嵌 JavaScript 文件，在 .js 文件中，定义一个数组，数组值赋值分别为一个字符串、一个数值、一个布尔值，并将这三个值打印出来。

3. 制作一个网页，根据不同时间段，使用 JavaScript 用提示对话框输出对应问候语：早上 8:00～11:00 显示"上午好！欢迎登录系统！"，中午 11:00～14:00 显示"中午好！欢迎登录系统！"下午 14:00～18:00 显示"下午好！欢迎登录系统！"，晚上 18:00～00:00 显示"晚上好！欢迎登录系统！"。

4. 制作一个网页，页面上使用输入文本框输入圆的半径，单击"计算"按钮，用提示对话框显示圆的面积。要求使用函数，函数参数是圆的半径，作用是计算圆的面积并返回值。

5. 制作一个网页，定义一个数组，为数组赋值数值类型数据，并对此数组进行排序，删除数组中的最大值和最小值，计算平均值并输出。

第 6 章

jQuery

6.1 jQuery 概述

6.1.1 什么是 jQuery

jQuery 是一个 JavaScript 函数库。

jQuery 是一个轻量级的"写得少、做得多"的 JavaScript 库。

jQuery 库包含以下功能：
- HTML 元素选取；
- HTML 元素操作；
- CSS 操作；
- HTML 事件函数；
- JavaScript 特效和动画；
- HTML DOM 遍历和修改；
- Ajax；
- Utilities。

提示：除此之外，Jquery 还提供了大量插件。

目前网络上有大量开源的 JS 框架，但 jQuery 是目前最流行的 JS 框架，而且提供了大量的扩展。很多大公司都在使用 jQuery，如 Google、Microsoft、IBM、Netflix。

6.1.2 jQuery 安装

可以通过多种方法在网页中添加 jQuery。主要有以下两种：
- 从 jquery.com 下载 jQuery 库；
- 从 CDN 中载入 jQuery，如从 Google 中加载 jQuery。

有以下两个版本的 jQuery 可供下载：
- Production version，用于实际的网站，已被精简和压缩。
- Development version，用于测试和开发（未压缩，是可读的代码）。

以上两个版本都可以从 jquery.com 中下载。

jQuery 库是一个 JavaScript 文件，可以使用 HTML 的 <script> 标签引用它，格式如下：

```
<head>
```

```
<script src="jquery-1.10.2.min.js"></script>
</head>
```

提示：将下载的文件放在网页的同一目录下，就可以使用 jQuery。

如果不希望下载并存放 jQuery，那么也可以通过 CDN（内容分发网络）引用它。

百度、又拍云、新浪、谷歌和微软公司的服务器都存有 jQuery 。

如果站点用户是国内的，则建议使用百度、又拍云、新浪等国内的 CDN 地址；如果站点用户是国外的，则可以使用谷歌和微软的 CDN 地址。

- 百度应用：

```
<head>
<script src="https://apps.bdimg.com/libs/jquery/2.1.4/jquery.min.js">
</script>
</head>
```

- 又拍云应用：

```
<head>
<script src="http://upcdn.b0.upaiyun.com/libs/jquery/jquery-2.0.2.min.js">
</script>
</head>
```

- 新浪应用：

```
<head>
<script src="http://lib.sinaapp.com/js/jquery/2.0.2/jquery-2.0.2.min.js">
</script>
</head>
```

- 谷歌应用：

```
<head>
<script src="http://ajax.googleapis.com/ajax/libs/jquery/1.10.2/jquery.min.js">
</script>
</head>
```

- 微软应用：

```
<head>
<script src="http://ajax.htmlnetcdn.com/ajax/jQuery/jquery-1.10.2.min.js">
</script>
</head>
```

使用百度、又拍云、新浪、谷歌或微软公司的 jQuery 有一个很大的优势：许多用户在访问其他站点时，已经从百度、又拍云、新浪、谷歌或微软的 CDN 地址加载过 jQuery，所以当他们访问你的站点时，会从缓存中加载 jQuery，这样可以减少加载时间。同时，大多数 CDN 都可以确保当用户向其请求文件时，会从离用户最近的服务器上返回响应，这样也可以提高加载速度。

6.1.3 jQuery 语法

通过 jQuery，用户可以选取（查询，query）HTML 元素，并对它们执行"操作"（actions）。jQuery 语法是选取 HTML 元素，并对选取的元素执行某些操作。

基础语法格式如下：

```
$(selector).action()
```

其中，美元符号$定义 jQuery；选择符（selector）实现"查询"和"查找"HTML 元素。action() 执行对元素的操作。

实例如下：
- $(this).hide() —— 隐藏当前元素；
- $("p").hide() —— 隐藏所有 p 元素；
- $("p.test").hide() —— 隐藏所有 class="test" 的 p 元素；
- $("#test").hide() —— 隐藏所有 id="test" 的元素。

6.2 jQuery 选择器

jQuery 选择器允许用户对 HTML 元素组或单个元素进行操作。

jQuery 选择器基于元素的 id、类、类型、属性、属性值等"查找"（或选择）HTML 元素。它基于已经存在的 CSS 选择器，除此之外，还有一些自定义的选择器。

jQuery 中所有选择器都以美元符号开头，即$()。

6.2.1 元素选择器

jQuery 元素选择器基于元素名选取元素。

在页面中选取所有 p 元素，语法格式如下：

```
$("p")
```

例如，使所有的段落隐藏。代码如下：

```
<!DOCTYPE html>
<html>
<head>
<meta charset="utf-8">
<title>元素选择实例</title>
<script src="http://cdn.static.runoob.com/libs/jquery/2.0.0/jquery.min.js">
</script>
<script>
$(document).ready(function(){
    $("button").click(function(){
```

```
        $("p").hide();
    });
});
</script>
</head>

<body>
<h2>这是一个标题</h2>
<p>这是一个段落。</p>
<p>这是另一个段落。</p>
<button>点我</button>
</body>
</html>
```

6.2.2　#id 选择器

jQuery #id 选择器通过 HTML 元素的 id 属性选取指定的元素。

页面中元素的 id 应该是唯一的，所以要在页面中选取唯一的元素时需要通过#id 选择器。

通过 id 选取元素的语法格式如下：

```
$("#test")。
```

例如，使所有 id 为 test 的元素隐藏。代码如下：

```
<!DOCTYPE html>
<html>
<head>
<meta charset="utf-8">
<title>ID 选择实例</title>
<script src="http://cdn.static.runoob.com/libs/jquery/1.10.2/jquery.min.js">
</script>
<script>
$(document).ready(function(){
    $("button").click(function(){
        $("#test").hide();
    });
});
</script>
</head>

<body>
<h2>这是一个标题。</h2>
<p>这是一个段落。</p>
<p id="test">这是另外一个段落。</p>
<button>点我</button>
```

```
</body>
</html>
```

6.2.3 .class 选择器

jQuery 类选择器可以通过指定的 class 查找元素。语法格式如下：

$(".test")。

例如，使所有类别为 test 的元素隐藏。代码如下：

```
<!DOCTYPE html>
<html>
<head>
<meta charset="utf-8">
<title>类选择实例</title>
<script src="http://cdn.static.runoob.com/libs/jquery/1.10.2/jquery.min.js">
</script>
<script>
$(document).ready(function(){
  $("button").click(function(){
    $(".test").hide();
  });
});
</script>
</head>
<body>
<h2 class="test">这是一个标题。</h2>
<p class="test">这是一个段落。</p>
<p>这是另外一个段落。</p>
<button>点我</button>
</body>
</html>
```

6.2.4 更多其他选择器

- $("*")：选取所有元素。
- $(this)：选取当前 HTML 元素。
- $("p.intro")：选取 class 为 intro 的 p 元素。
- $("p:first")：选取第一个 p 元素。
- $("ul li:first")：选取第一个 ul 元素的第一个 li 元素。
- $("ul li:first-child")：选取每个 ul 元素的第一个 li 元素。
- $("[href]")：选取带有 href 属性的元素。

- $("a[target='_blank']")：选取所有 target 属性值等于 "_blank" 的 a 元素。
- $("a[target!='_blank']")：选取所有 target 属性值不等于 "_blank" 的 a 元素。
- $(":button")：选取所有 type="button" 的 input 元素和 button 元素。
- $("tr:even")：选取偶数位置的 tr 元素。
- $("tr:odd")：选取奇数位置的 tr 元素。

注意：通过 $(":button") 可以选取所有 type="button" 的 input 元素和 button 元素，如果去掉冒号，则$("button")只能获取 button 元素。

关于：和 [] 这两个符号的理解如下：

（1）：可以理解为种类的意思，如 p:first，p 的种类为第一个。

（2）[] 很自然地可以理解为属性的意思，如[href]，选取带有 href 属性的元素。

6.2.5　独立文件中使用 jQuery 函数

如果网站包含许多页面，并且希望 jQuery 函数易于维护，那么把 jQuery 函数放到独立的 .js 文件中（通过 src 属性来引用文件）。例如：

```
<head>
<script src="http://cdn.static.runoob.com/libs/jquery/1.10.2/jquery.min.js">
</script>
<script src="my_jquery_functions.js"></script>
</head>
```

6.3　jQuery 的页面操作

jQuery 最大的特色就是能够方便地操作 HTML 文档中各个标签元素，如获取页面的某个元素、获取元素的内容、更改元素的内容等。jQuery 中非常重要的部分就是操作 DOM 的能力。jQuery 提供一系列与 DOM 相关的方法，这使访问和操作元素和属性变得很容易。

6.3.1　获取与设置

1．获取和设置内容：text()、html() 以及 val()方法

以下是三个简单实用的用于 DOM 操作的 jQuery 方法：
- text()：设置或返回所选元素的文本内容。
- html()：设置或返回所选元素的内容（包括 HTML 标记）。
- val()：设置或返回表单字段的值。

例如，获取页面的内容。代码如下：

```
<!DOCTYPE html>
<html>
<head>
<meta charset="utf-8">
<script src="http://cdn.static.runoob.com/libs/jquery/1.10.2/jquery.min.js">
```

```
</script>
<script>
$(document).ready(function(){
  $("#btn1").click(function(){
    alert("Text: " + $("#test").text());
  });
  $("#btn2").click(function(){
    alert("HTML: " + $("#test").html());
  });
});
</script>
</head>
<body>
<p id="test">这是段落中的 <b>粗体</b> 文本。</p>
<button id="btn1">显示文本</button>
<button id="btn2">显示 HTML</button>
</body>
</html>
```

例如，获取页面输入框的值。代码如下：

```
<!DOCTYPE html>
<html>
<meta charset="utf-8">
<head>
<script src="http://cdn.static.runoob.com/libs/jquery/1.10.2/jquery.min.js">
</script>
<script>
$(document).ready(function(){
  $("button").click(function(){
    alert("值为: " + $("#test").val());
  });
});
</script>
</head>

<body>
<p>名称: <input type="text" id="test" value="初级教程"></p>
<button>显示值</button>
</body>
</html>
```

例如，通过 text()、html() 以及 val() 方法来设置内容。代码如下：

```
<!DOCTYPE html>
<html>
```

```
<head>
<meta charset="utf-8">
<script src="http://cdn.static.runoob.com/libs/jquery/1.10.2/jquery.min.js">
</script>
<script>
$(document).ready(function(){
  $("#btn1").click(function(){
    $("#test1").text("Hello world!");
  });
  $("#btn2").click(function(){
    $("#test2").html("<b>Hello world!</b>");
  });
  $("#btn3").click(function(){
    $("#test3").val("RUNOOB");
  });
});
</script>
</head>
<body>
<p id="test1">这是一个段落。</p>
<p id="test2">这是另外一个段落。</p>
<p>输入框: <input type="text" id="test3" value="菜鸟教程"></p>
<button id="btn1">设置文本</button>
<button id="btn2">设置 HTML</button>
<button id="btn3">设置值</button>
</body>
</html>
```

上面的三个 jQuery 方法：text()、html() 以及 val()，都拥有回调函数。回调函数有两个参数：被选元素列表中当前元素的下标以及原始（旧的）值。然后以函数新值返回用户希望使用的字符串。

例如，带有回调函数的 text() 和 html()。代码如下：

```
<!DOCTYPE html>
<html>
<head>
<meta charset="utf-8">
<script src="http://cdn.static.runoob.com/libs/jquery/1.10.2/jquery.min.js">
</script>
<script>
$(document).ready(function(){
  $("#btn1").click(function(){
    $("#test1").text(function(i,origText){
      return "旧文本: " + origText + " 新文本: Hello world! (index: " + i + ")";
    });
```

```
    });
    $("#btn2").click(function(){
      $("#test2").html(function(i,origText){
        return "旧 html: " + origText + " 新 html: Hello <b>world!</b> (index: " + i + ")";
      });
    });
  });
</script>
</head>
<body>
<p id="test1">这是一个有 <b>粗体</b> 字的段落。</p>
<p id="test2">这是另外一个有 <b>粗体</b> 字的段落。</p>
<button id="btn1">显示 新/旧 文本</button>
<button id="btn2">显示 新/旧 HTML</button>
</body>
</html>
```

2. 获取和设置属性：attr()

jQuery attr() 方法用于获取属性值。

例如，获取属性 herf 的内容。代码如下：

```
<!DOCTYPE html>
<html>
<head>
<meta charset="utf-8">
<script src="http://cdn.static.runoob.com/libs/jquery/1.10.2/jquery.min.js">
</script>
<script>
$(document).ready(function(){
  $("button").click(function(){
    alert($("#university").attr("href"));
  });
});
</script>
</head>
<body>
<p><a href="http://www.tfswufe.edu.cn" id="university">初级教程</a></p>
<button>显示 href 属性的值</button>
</body>
</html>
```

jQuery attr() 方法也用于设置/改变属性值。

例如，改变（设置）链接中 href 属性的值。代码如下：

```html
<!DOCTYPE html>
<html>
<head>
<meta charset="utf-8">
<script src="http://cdn.static.runoob.com/libs/jquery/1.10.2/jquery.min.js">
</script>
<script>
$(document).ready(function(){
  $("button").click(function(){
    $("#university").attr("href","http://www.tfswufe.edu.cn/login");
  });
});
</script>
</head>

<body>
<p><a href="http://www.tfswufe.edu.cn" id="university">初级教程</a></p>
<button>修改 href 值</button>
<p>单击按钮修改后,可以单击链接查看链接地址是否变化。</p>
</body>
</html>
```

attr() 方法也允许同时设置多个属性。

例如,同时设置 href 和 title 属性。代码如下:

```html
<!DOCTYPE html>
<html>
<head>
<meta charset="utf-8">
<script src="http://cdn.static.runoob.com/libs/jquery/1.10.2/jquery.min.js">
</script>
<script>
$(document).ready(function(){
  $("button").click(function(){
    $("#university").attr({
      "href" : "http://www.tfswufe.edu.cn/login",
      "title" : "登录窗口"
    });
    // 通过修改的 title 值来修改链接名称
    title = $("#university").attr('title');
    $("#university").html(title);
  });
});
</script>
</head>
```

```
<body>
<p><a href="http://www.tfswufe.edu.cn" id="university">初级教程</a></p>
<button>修改 href 和 title</button>
<p>单击按钮修改后，可以查看 href 和 title 是否变化。</p>
</body>
</html>
```

jQuery 方法 attr() 也提供回调函数。回调函数有两个参数：被选元素列表中当前元素的下标以及原始（旧的）值。以函数新值返回用户希望使用的字符串。

例如，带有回调函数的 attr() 方法。代码如下：

```
<!DOCTYPE html>
<html>
<head>
<meta charset="utf-8">
<script src="http://cdn.static.runoob.com/libs/jquery/1.10.2/jquery.min.js">
</script>
<script>
$(document).ready(function(){
  $("button").click(function(){
    $("#university").attr("href", function(i, origValue){
            return origValue + "/login";
      });
  });
});
</script>
</head>
<body>
<p><a href="http://www.tfswufe.edu.cn" id="university">初级教程</a></p>
<button>修改 href 值</button>
<p>单击按钮修改后，可以单击链接查看链接地址是否变化。</p>
</body>
</html>
```

6.3.2 添加元素

通过 jQuery 可以很容易地添加新元素/内容。用于添加新内容的四个 jQuery 方法如下。
- append()：在被选元素的结尾插入内容。
- prepend()：在被选元素的开头插入内容。
- after()：在被选元素之后插入内容。
- before()：在被选元素之前插入内容。

1. jQuery append() 方法

jQuery append() 方法在被选元素的结尾插入内容。

例如，添加文本和列表项。代码如下：

```html
<!DOCTYPE html>
<html>
<head>
<meta charset="utf-8">
<script src="http://cdn.static.runoob.com/libs/jquery/1.10.2/jquery.min.js">
</script>
<script>
$(document).ready(function(){
  $("#btn1").click(function(){
    $("p").append(" <b>追加文本</b>。");
  });
  $("#btn2").click(function(){
    $("ol").append("<li>追加列表项</li>");
  });
});
</script>
</head>
<body>
<p>这是一个段落。</p>
<p>这是另外一个段落。</p>
<ol>
<li>List item 1</li>
<li>List item 2</li>
<li>List item 3</li>
</ol>
<button id="btn1">添加文本</button>
<button id="btn2">添加列表项</button>
</body>
</html>
```

2. jQuery prepend() 方法

jQuery prepend() 方法在被选元素的开头插入内容。

例如，在开头添加文本和列表项。代码如下：

```html
<!DOCTYPE html>
<html>
<head>
<meta charset="utf-8">
<script src="http://cdn.static.runoob.com/libs/jquery/1.10.2/jquery.min.js">
</script>
<script>
$(document).ready(function(){
```

```
        $("#btn1").click(function(){
            $("p").prepend("<b>在开头追加文本</b>。 ");
        });
        $("#btn2").click(function(){
            $("ol").prepend("<li>在开头添加列表项</li>");
        });
});
</script>
</head>
<body>
<p>这是一个段落。</p>
<p>这是另外一个段落。</p>
<ol>
<li>列表 1</li>
<li>列表 2</li>
<li>列表 3</li>
</ol>
<button id="btn1">添加文本</button>
<button id="btn2">添加列表项</button>
</body>
</html>
```

例如，多项添加。代码如下：

```
<!DOCTYPE html>
<html>
<head>
<meta charset="utf-8">
<title>菜鸟教程(runoob.com)</title>
<meta charset="utf-8">
<script src="http://cdn.static.runoob.com/libs/jquery/1.10.2/jquery.min.js">
</script>
<script>
function appendText(){
    var txt1="<p>文本。</p>";              // 使用 HTML 标签创建文本
    var txt2=$("<p></p>").text("文本。");    // 使用 jQuery 创建文本
    var txt3=document.createElement("p");
    txt3.innerHTML="文本。";                // 使用 DOM 创建文本 text with DOM
    $("body").append(txt1,txt2,txt3);      // 追加新元素
}
</script>
</head>
<body>
<p>这是一个段落。</p>
<button onclick="appendText()">追加文本</button>
</body>
</html>
```

3. jQuery after() 和 before() 方法

jQuery after() 方法在被选元素之后插入内容；jQuery before() 方法在被选元素之前插入内容。

例如，在图片前后分别插入文本。代码如下：

```
<!DOCTYPE html>
<html>
<head>
<meta charset="utf-8">
<script src="http://cdn.static.runoob.com/libs/jquery/1.10.2/jquery.min.js">
</script>
<script>
$(document).ready(function(){
    $("#btn1").click(function(){
        $("img").before("<b>之前</b>");
    });

    $("#btn2").click(function(){
        $("img").after("<i>之后</i>");
    });
});
</script>
</head>

<body>
<img src="/images/logo.png" >
<br><br>
<button id="btn1">之前插入</button>
<button id="btn2">之后插入</button>
</body>
</html>
```

after() 和 before() 方法能够通过参数接收无限数量的新元素，这些元素可以通过 text/HTML、jQuery 或 JavaScript/DOM 来创建。然后通过 after() 方法把这些新元素插到文本中（对 before() 同样有效）。

例如，多个元素插入图片后。代码如下：

```
<!DOCTYPE html>
<html>
<head>
<meta charset="utf-8">
<title>菜鸟教程(runoob.com)</title>
<script src="http://cdn.static.runoob.com/libs/jquery/1.10.2/jquery.min.js">
```

```
</script>
<script>
function afterText(){
    var txt1="<b>I </b>";                       // 使用 HTML 创建元素
    var txt2=$("<i></i>").text("love ");        // 使用 jQuery 创建元素
    var txt3=document.createElement("big");     // 使用 DOM 创建元素
    txt3.innerHTML="jQuery!";
    $("img").after(txt1,txt2,txt3);             // 在图片后添加文本
}
</script>
</head>
<body>
<img src="/images/logo2.png" >
<br><br>
<button onclick="afterText()">之后插入</button>
</body>
</html>
```

6.3.3 删除元素

通过 jQuery 可以很容易地删除已有的 HTML 元素。如需删除元素和内容，一般可使用以下两个 jQuery 方法。

- remove()：删除被选元素（及其子元素）。
- empty()：从被选元素中删除子元素。

1. jQuery remove() 方法

例如，删除被选 DIV 元素。代码如下：

```
<!DOCTYPE html>
<html>
<head>
<meta charset="utf-8">
<script src="http://cdn.static.runoob.com/libs/jquery/1.10.2/jquery.min.js"></script>
</script>
<script>
$(document).ready(function(){
    $("button").click(function(){
        $("#DIV1").remove();
    });
});
</script>
</head>
<body>
<DIV id="DIV1" style="height:100px;width:300px;border:1px solid black;background-color:yellow;">
```

```
<p> 这是 DIV 中的一些文本。 </p>
这是在 DIV 中的一个段落。
<p>这是在 DIV 中的另外一个段落。</p>
</DIV>
<br>
<button>移除 DIV 元素</button>
</body>
</html>
```

2. jQuery empty() 方法

例如,删除 DIV 元素中的子元素。代码如下:

```
<!DOCTYPE html>
<html>
<head>
<meta charset="utf-8">
<script src="http://cdn.static.runoob.com/libs/jquery/1.10.2/jquery.min.js">
</script>
<script>
$(document).ready(function(){
   $("button").click(function(){
     $("#DIV1").empty();
   });
});
</script>
</head>
<body>
<DIV id="DIV1" style="height:100px;width:300px;border:1px solid black;background-color:yellow;">
这是 DIV 中的一些文本。
<p>这是在 DIV 中的一个段落。</p>
<p>这是在 DIV 中的另外一个段落。</p>
</DIV>
<br>
<button>清空 DIV 元素</button>
</body>
</html>
```

3. 过滤被删除的元素

jQuery remove() 方法也可接受一个参数,允许用户对被删除元素进行过滤。该参数适用于任何 jQuery 选择器的语法。

例如,删除 class="italic" 的所有 p 元素。代码如下:

```
<!DOCTYPE html>
<html>
<head>
```

```
<meta charset="utf-8">
<script src="http://cdn.static.runoob.com/libs/jquery/1.10.2/jquery.min.js">
</script>
<script>
$(document).ready(function(){
  $("button").click(function(){
    $("p").remove(".italic");
  });
});
</script>
</head>
<body>
<p>这是一个段落。</p>
<p class="italic"><i>这是另外一个段落。</i></p>
<p class="italic"><i>这是另外一个段落。</i></p>
<button>移除所有 class="italic" 的 p 元素。</button>
</body>
</html>
```

6.3.4 获取并设置 CSS 类

jQuery 有若干进行 CSS 操作的方法，具体有以下几种。
- addClass()：向被选元素添加一个或多个类。
- removeClass()：从被选元素删除一个或多个类。
- toggleClass()：对被选元素进行添加/删除类的切换操作。
- css()：设置或返回样式属性。

下面的样式表将用于本页的所有例子：

```
.important
{      font-weight:bold;
       font-size:xx-large;
}
.blue
{      color:blue;
}
```

1. jQuery addClass() 方法

例如，向页面不同的元素添加类。代码如下：

```
<!DOCTYPE html>
<html>
<head>
<meta charset="utf-8">
<script src="http://cdn.static.runoob.com/libs/jquery/1.10.2/jquery.min.js">
```

```
</script>
<script>
$(document).ready(function(){
    $("button").click(function(){
        $("h1,h2,p").addClass("blue");
        $("DIV").addClass("important");
    });
});
</script>
<style type="text/css">
.important
{
    font-weight:bold;
    font-size:xx-large;
}
.blue
{
    color:blue;
}
</style>
</head>
<body>

<h1>标题 1</h1>
<h2>标题 2</h2>
<p>这是一个段落。</p>
<p>这是另外一个段落。</p>
<DIV>这是一些重要的文本!</DIV>
<br>
<button>为元素添加 class</button>

</body>
</html>
```

2. jQuery removeClass() 方法

例如，在不同的元素中删除指定的 class 属性。代码如下：

```
<!DOCTYPE html>
<html>
<head>
<meta charset="utf-8">
<script src="http://cdn.static.runoob.com/libs/jquery/1.10.2/jquery.min.js">
</script>
<script>
```

```
$(document).ready(function(){
  $("button").click(function(){
    $("h1,h2,p").removeClass("blue");
  });
});
</script>
<style type="text/css">
.important
{
    font-weight:bold;
    font-size:xx-large;
}
.blue
{
    color:blue;
}
</style>
</head>
<body>

<h1 class="blue">标题 1</h1>
<h2 class="blue">标题 2</h2>
<p class="blue">这是一个段落。</p>
<p>这是另外一个段落。</p>
<br>
<button>从元素中移除 class</button>
</body>
</html>
```

3. jQuery toggleClass() 方法

该方法对被选元素进行添加/删除类的切换操作。

例如，删除已有的类，添加没有的类。代码如下：

```
<!DOCTYPE html>
<html>
<head>
<meta charset="utf-8">
<script src="http://cdn.static.runoob.com/libs/jquery/1.10.2/jquery.min.js">
</script>
<script>
$(document).ready(function(){
  $("button").click(function(){
    $("h1,h2,p").toggleClass("blue");
  });
```

```html
    });
</script>
<style type="text/css">
.blue
{
color:blue;
}
</style>
</head>
<body>

<h1 class="blue">标题 1</h1>
<h2 class="blue">标题 2</h2>
<p class="blue">这是一个段落。</p>
<p>这是另外一个段落。</p>
<br>
<button>切换 class</button>
</body>
</html>
```

4. jQuery css() 方法

设置或返回被选元素的一个或多个样式属性。

例如，返回首个匹配元素的 background-color 值。代码如下：

```html
<!DOCTYPE html>
<html>
<head>
<meta charset="utf-8">
<script src="https://cdn.bootcss.com/jquery/1.10.2/jquery.min.js">
</script>
<script>
$(document).ready(function(){
    $("button").click(function(){
        alert("背景颜色 = " + $("p").css("background-color"));
    });
});
</script>
</head>

<body>
<h2>这是一个标题</h2>
<p style="background-color:#ff0000">这是一个段落。</p>
<p style="background-color:#00ff00">这是一个段落。</p>
<p style="background-color:#0000ff">这是一个段落。</p>
```

```
<button>返回第一个 p 元素的 background-color </button>
</body>
</html>
```

如需设置指定的 CSS 属性,则使用如下语法格式:

```
css("propertyname","value");
```

例如,为所有匹配元素设置 background-color 值。代码如下:

```
<!DOCTYPE html>
<html>
<head>
<meta charset="utf-8">
<script src="http://cdn.static.runoob.com/libs/jquery/1.10.2/jquery.min.js">
</script>
<script>
$(document).ready(function(){
  $("button").click(function(){
    $("p").css("background-color","yellow");
  });
});
</script>
</head>

<body>
<h2>这是一个标题</h2>
<p style="background-color:#ff0000">这是一个段落。</p>
<p style="background-color:#00ff00">这是一个段落。</p>
<p style="background-color:#0000ff">这是一个段落。</p>
<p>这是一个段落。</p>
<button>设置 p 元素的 background-color </button>
</body>
</html>
```

如需设置多个 CSS 属性,则使用如下语法格式:

```
css({"propertyname":"value","propertyname":"value",...});
```

例如,为所有匹配元素设置 background-color 和 font-size。代码如下:

```
<!DOCTYPE html>
<html>
<head>
<meta charset="utf-8">
<script src="http://cdn.static.runoob.com/libs/jquery/1.10.2/jquery.min.js">
</script>
```

```html
<script>
$(document).ready(function(){
  $("button").click(function(){
    $("p").css({"background-color":"yellow","font-size":"200%"});
  });
});
</script>
</head>

<body>
<h2>这是一个标题</h2>
<p style="background-color:#ff0000">这是一个段落。</p>
<p style="background-color:#00ff00">这是一个段落。</p>
<p style="background-color:#0000ff">这是一个段落。</p>
<p>这是一个段落。</p>
<button>为 p 元素设置多个样式</button>
</body>
</html>
```

6.4 jQuery 事件处理

jQuery 是为事件处理特别设计的。

6.4.1 什么是事件

页面对不同访问者的响应叫作事件。

事件处理程序指的是当 HTML 中发生某些事件时所调用的方法。例如：
- 在元素上移动鼠标；
- 选取单选按钮；
- 单击元素。

在事件中经常使用术语"触发"（或"激发"）。例如，"当您按下按键时触发 keypress 事件"。

常见 DOM 事件如表 6-1 所示。

表 6-1 常见 DOM 事件

鼠标事件	键盘事件	表单事件	文档/窗口事件
click	Keypress	submit	load
dblclick	Keydown	change	resize
mouseenter	Keyup	focus	scroll
mouseleave		blur	unload

6.4.2 jQuery 事件方法语法

在 jQuery 中，大多数 DOM 事件都有一个等效的 jQuery 方法。
页面中指定一个单击事件：$("p").click();。
下一步是定义什么时间触发事件。可以通过一个事件函数实现，例如：

```
$("p").click(function(){
    // 动作触发后执行的代码!!
});
```

6.4.3 常用的 jQuery 事件方法

1. $(document).ready()

$(document).ready() 方法允许我们在文档完全加载后执行函数。

2. click()

click() 方法是当按钮单击事件被触发时会调用一个函数。该函数在用户单击 HTML 元素时执行。

在下面的实例中，当单击事件在某个 p 元素上触发时，隐藏当前的 p 元素。代码如下：

```html
<!DOCTYPE html>
<html>
<head>
<meta charset="utf-8">
<title>单击实例</title>
<script src="http://cdn.static.runoob.com/libs/jquery/1.10.2/jquery.min.js">
</script>
<script>
$(document).ready(function(){
   $("p").click(function(){
      $(this).hide();
   });
});
</script>
</head>
<body>
<p>如果你点我，我就会消失。</p>
<p>继续点我!</p>
<p>接着点我!</p>
</body>
</html>
```

3. dblclick()

当双击元素时，会发生 dblclick 事件。

dblclick() 方法触发 dblclick 事件，或规定当发生 dblclick 事件时运行的函数。例如：

```
<!DOCTYPE html>
<html>
<head>
<meta charset="utf-8">
<title>双击实例</title>
<script src="http://cdn.static.runoob.com/libs/jquery/1.10.2/jquery.min.js">
</script>
<script>
$(document).ready(function(){
  $("p").dblclick(function(){
    $(this).hide();
  });
});
</script>
</head>
<body>
<p>双击鼠标左键的，我就消失。</p>
<p>双击我消失！</p>
<p>双击我也消失！</p>
</body>
</html>
```

4. mouseenter()

当鼠标指针穿过元素时，会发生 mouseenter 事件。

mouseenter() 方法触发 mouseenter 事件，或规定当发生 mouseenter 事件时运行的函数。例如：

```
<!DOCTYPE html>
<html>
<head>
<meta charset="utf-8">
<title>鼠标进入实例</title>
<script src="http://cdn.static.runoob.com/libs/jquery/1.10.2/jquery.min.js">
</script>
<script>
$(document).ready(function(){
  $("#p1").mouseenter(function(){
    alert('您的鼠标移到了 id="p1" 的元素上!');
  });
```

```
});
</script>
</head>
<body>
<p id="p1">鼠标指针进入此处，会看到弹窗。</p>
</body>
</html>
```

5. mouseleave()

当鼠标指针离开元素时，会发生 mouseleave 事件。

mouseleave() 方法触发 mouseleave 事件，或规定当发生 mouseleave 事件时运行的函数。例如：

```
<!DOCTYPE html>
<html>
<head>
<meta charset="utf-8">
<title>鼠标离开实例</title>
<script src="http://cdn.static.runoob.com/libs/jquery/1.10.2/jquery.min.js">
</script>
<script>
$(document).ready(function(){
    $("#p1").mouseleave(function(){
        alert('再见！您的鼠标离开了该段落！');
    });
});
</script>
</head>
<body>
<p id="p1">鼠标指针离开此处，会看到弹窗。</p>
</body>
</html>
```

6. mousedown()

当鼠标指针移动到元素上方，并按下鼠标按键时，会发生 mousedown 事件。

mousedown() 方法触发 mousedown 事件，或规定当发生 mousedown 事件时运行的函数。例如：

```
<!DOCTYPE html>
<html>
<head>
<meta charset="utf-8">
<title>鼠标按下实例</title>
```

```html
<script src="http://cdn.static.runoob.com/libs/jquery/1.10.2/jquery.min.js">
</script>
<script>
$(document).ready(function(){
  $("#p1").mousedown(function(){
    alert('鼠标在该段落上按下！');
  });
});
</script>
</head>
<body>
<p id="p1">鼠标指针进入此处并按下时，会看到弹窗。</p>
</body>
</html>
```

7．mouseup()

当在元素上松开鼠标按钮时，会发生 mouseup 事件。

mouseup() 方法触发 mouseup 事件，或规定当发生 mouseup 事件时运行的函数。例如：

```html
<!DOCTYPE html>
<html>
<head>
<meta charset="utf-8">
<title>鼠标松开实例</title>
<script src="http://cdn.static.runoob.com/libs/jquery/1.10.2/jquery.min.js">
</script>
<script>
$(document).ready(function(){
  $("#p1").mouseup(function(){
    alert('鼠标在段落上松开！');
  });
});
</script>
</head>
<body>
<p id="p1">鼠标在段落上松开时，会看到弹窗。</p>
</body>
</html>
```

8．hover()

hover()方法用于模拟光标悬停事件。

当鼠标移动到元素上时，会触发指定的第一个函数(mouseenter)；当鼠标移出这个元素时，会触发指定的第二个函数(mouseleave)。例如：

```html
<!DOCTYPE html>
<html>
<head>
<meta charset="utf-8">
<title>鼠标悬停实例</title>
<script src="http://cdn.static.runoob.com/libs/jquery/1.10.2/jquery.min.js">
</script>
<script>
$(document).ready(function(){
    $("#p1").hover(
        function(){
            alert("你进入了 p1!");
        },
        function(){
            alert("拜拜! 现在你离开了 p1!");
        }
    )
});
</script>
</head>
<body>
<p id="p1">这是一个段落。</p>
</body>
</html>
```

9. focus()

当元素获得焦点时，发生 focus 事件。

当通过单击选中元素或通过 Tab 键定位到元素时，该元素就会获得焦点。

focus() 方法触发 focus 事件，或规定当发生 focus 事件时运行的函数。例如：

```html
<!DOCTYPE html>
<html>
<head>
<meta charset="utf-8">
<title>焦点获得实例</title>
<script src="http://cdn.static.runoob.com/libs/jquery/1.10.2/jquery.min.js">
</script>
<script>
$(document).ready(function(){
    $("input").focus(function(){
        $(this).css("background-color","#cccccc");
    });
    $("input").blur(function(){
```

```
        $(this).css("background-color","#ffffff");
    });
});
</script>
</head>
<body>
Name: <input type="text" name="fullname"><br>
Email: <input type="text" name="email">
</body>
</html>
```

10. blur()

当元素失去焦点时,发生 blur 事件。

blur() 方法触发 blur 事件,或规定当发生 blur 事件时运行的函数。例如:

```
<!DOCTYPE html>
<html>
<head>
<meta charset="utf-8">
<title>失去焦点实例</title>
<script src="http://cdn.static.runoob.com/libs/jquery/1.10.2/jquery.min.js">
</script>
<script>
$(document).ready(function(){
    $("input").focus(function(){
        $(this).css("background-color","#cccccc");
    });
    $("input").blur(function(){
        $(this).css("background-color","#ffffff");
    });
});
</script>
</head>
<body>
Name: <input type="text" name="fullname"><br>
Email: <input type="text" name="email">
</body>
</html>
```

6.5 jQuery 动画效果

动画效果是 jQuery 吸引人的地方。通过 jQuery 的动画方法,能够轻松地为网页添加视觉效果,给用户一种全新的体验。jQuery 动画是一个大系列,本节将详细介绍 jQuery 的常见动画效果：显隐效果、淡入淡出、滑动、自定义动画和停止动画。

6.5.1 隐藏和显示

（1）jQuery hide()方法：该方法用来隐藏 HTML 元素。语法格式如下：

$(selector).hide(speed,callback);

（2）jQuery show()方法：该方法用来显示被隐藏的 HTML 元素。语法格式如下：

$(selector).show(speed,callback);

（3）jQuery toggle()方法：该方法用来切换 hide()和 show()方法，显示被隐藏的元素，并隐藏已显示的元素。语法格式如下：

$(selector).toggle(speed,callback);

可选的 speed 参数规定隐藏/显示的速度，可以取以下值：slow、fast 或毫秒。可选的 callback 参数是隐藏或显示完成后所执行的函数名称。

例如，用按钮控制段落隐藏。代码如下：

```
<!DOCTYPE html>
<html>
<head>
<meta charset="utf-8">
<script src="http://cdn.static.runoob.com/libs/jquery/1.10.2/jquery.min.js">
</script>
<script>
$(document).ready(function(){
  $("button").click(function(){
    $("p").hide(1000);
  });
});
</script>
</head>
<body>
<button>隐藏</button>
<p>这是个段落，内容比较少。</p>
<p>这是另外一个小段落。</p>
</body>
</html>
```

例如，使页面元素在隐藏和显示间变换，使用两个按钮控制。代码如下：

```
<!DOCTYPE html>
<html>
<head>
```

```
<meta charset="utf-8">
<script src="http://cdn.static.runoob.com/libs/jquery/1.10.2/jquery.min.js">
</script>
<script>
$(document).ready(function(){
  $("#hide").click(function(){
    $("p").hide();
  });
  $("#show").click(function(){
    $("p").show();
  });
});
</script>
</head>
<body>
<p>如果你单击"隐藏"按钮,我将会消失。</p>
<button id="hide">隐藏</button>
<button id="show">显示</button>
</body>
</html>
```

例如,使页面段落在隐藏和显示间变换,使用一个按钮实现。代码如下:

```
<!DOCTYPE html>
<html>
<head>
<meta charset="utf-8">
<script src="http://cdn.static.runoob.com/libs/jquery/1.10.2/jquery.min.js">
</script>
<script>
$(document).ready(function(){
  $("button").click(function(){
    $("p").toggle(1000);
  });
});
</script>
</head>
<body>
<button>隐藏/显示</button>
<p>这是个段落,内容比较少。</p>
<p>这是另外一个小段落。</p>
</body>
</html>
```

6.5.2 淡入淡出

通过 jQuery 可以实现元素的淡入淡出效果。

jQuery 拥有下面四种 fade 方法：
- fadeIn();
- fadeOut();
- fadeToggle();
- fadeTo()。

（1）jQuery fadeIn() 方法：用于淡入已隐藏的元素。语法格式如下：

```
$(selector).fadeIn(speed,callback);
```

可选的 speed 参数规定效果的时长，可以取以下值：slow、fast 或毫秒。可选的 callback 参数是 fading 完成后所执行的函数名称。

例如，实现红、绿、蓝三个色块的逐步淡入。代码如下：

```
<!DOCTYPE html>
<html>
<head>
<meta charset="utf-8">
<script src="http://cdn.static.runoob.com/libs/jquery/1.10.2/jquery.min.js">
</script>
<script>
$(document).ready(function(){
    $("button").click(function(){
        $("#DIV1").fadeIn();
        $("#DIV2").fadeIn("slow");
        $("#DIV3").fadeIn(3000);
    });
});
</script>
</head>
<body>
<p>以下实例演示了 fadeIn() 使用了不同参数的效果。</p>
<button>点击淡入 DIV 元素。</button>
<br><br>
<DIV id="DIV1" style="width:80px;height:80px;background-color:red;"></DIV><br>
<DIV id="DIV2" style="width:80px;height:80px;background-color:green;"></DIV><br>
<DIV id="DIV3" style="width:80px;height:80px;background-color:blue;"></DIV>
</body>
</html>
```

（2）jQuery fadeOut() 方法。用于淡出可见元素。语法格式如下：

```
$(selector).fadeOut(speed,callback);
```

可选的 speed 参数规定效果的时长，可以取以下值：slow、fast 或毫秒。可选的 callback 参数是 fading 完成后所执行的函数名称。

例如，使页面中红、绿、蓝三个方块逐步淡出。代码如下：

```
<!DOCTYPE html>
<html>
<head>
<meta charset="utf-8">
<script src="http://cdn.static.runoob.com/libs/jquery/1.10.2/jquery.min.js">
</script>
<script>
$(document).ready(function(){
  $("button").click(function(){
    $("#DIV1").fadeOut();
    $("#DIV2").fadeOut("slow");
    $("#DIV3").fadeOut(3000);
  });
});
</script>
</head>

<body>
<p>以下实例演示了 fadeOut() 使用了不同参数的效果。</p>
<button>点击淡出 DIV 元素。</button>
<br><br>
<DIV id="DIV1" style="width:80px;height:80px;background-color:red;"></DIV><br>
<DIV id="DIV2" style="width:80px;height:80px;background-color:green;"></DIV><br>
<DIV id="DIV3" style="width:80px;height:80px;background-color:blue;"></DIV>

</body>
</html>
```

（3）jQuery fadeToggle() 方法：用于在 fadeIn()与 fadeOut()方法之间进行切换。如果元素已淡出，则 fadeToggle() 会向元素添加淡入效果；如果元素已淡入，则 fadeToggle() 会向元素添加淡出效果。语法格式如下：

```
$(selector).fadeToggle(speed,callback);
```

可选的 speed 参数规定效果的时长，可以取以下值：slow、fast 或毫秒。可选的 callback 参数是 fading 完成后所执行的函数名称。

例如，使页面上的红、绿、蓝三个色块在淡入淡出间切换。代码如下：

```
<!DOCTYPE html>
<html>
<head>
```

```
<meta charset="utf-8">
<title>菜鸟教程(runoob.com)</title>
<script src="http://cdn.static.runoob.com/libs/jquery/1.10.2/jquery.min.js">
</script>
<script>
$(document).ready(function(){
    $("button").click(function(){
        $("#DIV1").fadeToggle();
        $("#DIV2").fadeToggle("slow");
        $("#DIV3").fadeToggle(3000);
    });
});
</script>
</head>
<body>

<p>实例演示了 fadeToggle() 使用了不同的 speed(速度) 参数。</p>
<button>点击淡入/淡出</button>
<br><br>
<DIV id="DIV1" style="width:80px;height:80px;background-color:red;"></DIV>
<br>
<DIV id="DIV2" style="width:80px;height:80px;background-color:green;"></DIV>
<br>
<DIV id="DIV3" style="width:80px;height:80px;background-color:blue;"></DIV>

</body>
</html>
```

（4）Query fadeTo() 方法：允许渐变为给定的不透明度（值介于 0~1）。语法格式如下：

```
$(selector).fadeTo(speed,opacity,callback);
```

必需的 speed 参数规定效果的时长，可以取以下值：slow、fast 或毫秒。fadeTo() 方法中必需的 opacity 参数将淡入淡出效果设置为给定的不透明度（值介于 0~1）。可选的 callback 参数是该函数完成后所执行的函数名称。

例如，使页面上红、绿、蓝三个色块渐变至预设透明度。代码如下：

```
<!DOCTYPE html>
<html>
<head>
<meta charset="utf-8">
<script src="http://cdn.static.runoob.com/libs/jquery/1.10.2/jquery.min.js">
</script>
<script>
$(document).ready(function(){
```

```
        $("button").click(function(){
            $("#DIV1").fadeTo("slow",0.15);
            $("#DIV2").fadeTo("slow",0.4);
            $("#DIV3").fadeTo("slow",0.7);
        });
    });
</script>
</head>

<body>
<p>演示 fadeTo() 使用不同参数</p>
<button>点我让颜色变淡</button>
<br><br>
<DIV id="DIV1" style="width:80px;height:80px;background-color:red;"></DIV><br>
<DIV id="DIV2" style="width:80px;height:80px;background-color:green;"></DIV><br>
<DIV id="DIV3" style="width:80px;height:80px;background-color:blue;"></DIV>

</body>
</html>
```

6.5.3 滑动

jQuery 滑动方法可使元素上下滑动。通过 jQuery，用户可以在元素上创建滑动效果。
jQuery 拥有以下滑动方法：

- slideDown()；
- slideUp()；
- slideToggle()。

（1）jQuery slideDown() 方法：用于向下滑动元素。语法格式如下：

```
$(selector).slideDown(speed,callback);
```

可选的 speed 参数规定效果的时长，可以取以下值：slow、fast 或毫秒。可选的 callback 参数是滑动完成后所执行的函数名称。

例如，使页面上的翻转面板下滑。代码如下：

```
<!DOCTYPE html>
<html>
<head>
<meta charset="utf-8">
<script src="http://cdn.static.runoob.com/libs/jquery/1.10.2/jquery.min.js">
</script>
<script>
$(document).ready(function(){
    $("#flip").click(function(){
        $("#panel").slideDown("slow");
```

```
    });
});
</script>

<style type="text/css">
#panel,#flip
{
    padding:5px;
    text-align:center;
    background-color:#e5eecc;
    border:solid 1px #c3c3c3;
}
#panel
{
    padding:50px;
    display:none;
}
</style>
</head>
<body>

<DIV id="flip">点我滑下面板</DIV>
<DIV id="panel">Hello world!</DIV>

</body>
</html>
```

（2）jQuery slideUp() 方法：用于向上滑动元素。语法格式如下：

```
$(selector).slideUp(speed,callback);
```

可选的 speed 参数规定效果的时长，可以取以下值：slow、fast 或毫秒。可选的 callback 参数是滑动完成后所执行的函数名称。

例如，使页面翻转面板收起面板。代码如下：

```
<!DOCTYPE html>
<html>
<head>
<meta charset="utf-8">
<script src="http://cdn.static.runoob.com/libs/jquery/1.10.2/jquery.min.js">
</script>
<script>
$(document).ready(function(){
    $("#flip").click(function(){
        $("#panel").slideUp("slow");
```

```
    });
});
</script>

<style type="text/css">
#panel,#flip
{
    padding:5px;
    text-align:center;
    background-color:#e5eecc;
    border:solid 1px #c3c3c3;
}
#panel
{
    padding:50px;
}
</style>
</head>
<body>
<DIV id="flip">点我拉起面板</DIV>
<DIV id="panel">Hello world!</DIV>
</body>
</html>
```

（3）jQuery slideToggle() 方法：可以在 slideDown()与 slideUp()方法之间进行切换。如果元素向下滑动，则 slideToggle() 可向上滑动它们；如果元素向上滑动，则 slideToggle() 可向下滑动它们。语法格式如下：

```
$(selector).slideToggle(speed,callback);
```

可选的 speed 参数规定效果的时长，可以取以下值：slow、fast 或毫秒。可选的 callback 参数是滑动完成后所执行的函数名称。

例如，使页面上的翻转面板在下滑和上滑之间转换。代码如下：

```
<!DOCTYPE html>
<html>
<head>
<meta charset="utf-8">
<script src="http://cdn.static.runoob.com/libs/jquery/1.10.2/jquery.min.js">
</script>
<script>
$(document).ready(function(){
  $("#flip").click(function(){
    $("#panel").slideToggle("slow");
  });
```

```
});
</script>
<style type="text/css">
#panel,#flip
{
    padding:5px;
    text-align:center;
    background-color:#e5eecc;
    border:solid 1px #c3c3c3;
}
#panel
{
    padding:50px;
    display:none;
}
</style>
</head>
<body>
<DIV id="flip">点我,显示或隐藏面板。</DIV>
<DIV id="panel">Hello world!</DIV>
</body>
</html>
```

6.5.4 自定义动画

jQuery animate() 方法允许用户创建自定义的动画。语法格式如下:

```
$(selector).animate({params},speed,callback);
```

必需的 params 参数定义形成动画的 CSS 属性。可选的 speed 参数规定效果的时长,可以以下值:slow、fast 或毫秒。可选的 callback 参数是动画完成后所执行的函数名称。
例如,把页面中的绿色方块右移 250 像素。代码如下:

```
<!DOCTYPE html>
<html>
<head>
<meta charset="utf-8">
<script src="http://cdn.static.runoob.com/libs/jquery/1.10.2/jquery.min.js"></script>
<script>
$(document).ready(function(){
  $("button").click(function(){
    $("DIV").animate({left:'250px'});
  });
});
```

```
</script>
</head>

<body>
<button>开始动画</button>
<p>默认情况下，所有的 HTML 元素都有一个静态的位置，且是不可移动的。
如果需要改变，则需要将元素的 position 属性设置为 relative、fixed 或 absolute!</p>
<DIV style="background:#98bf21;height:100px;width:100px;position:absolute;">
</DIV>

</body>
</html>
```

（1）jQuery animate()：操作多个属性，生成动画的过程中可同时使用多个属性。例如，使页面上的绿方块在右移的同时变淡变大。代码如下：

```
<!DOCTYPE html>
<html>
<head>
<meta charset="utf-8">
<script src="http://cdn.static.runoob.com/libs/jquery/1.10.2/jquery.min.js">
</script>
<script>
$(document).ready(function(){
  $("button").click(function(){
    $("DIV").animate({
      left:'250px',
      opacity:'0.5',
      height:'150px',
      width:'150px'
    });
  });
});
</script>
</head>
<body>
<button>开始动画</button>
<p>默认情况下，所有的 HTML 元素都有一个静态的位置，且是不可移动的。
如果需要改变，则需要将元素的 position 属性设置为 relative、fixed 或 absolute!</p>
<DIV style="background:#98bf21;height:100px;width:100px;position:absolute;">
</DIV>
</body>
</html>
```

（2）jQuery animate()：使用相对值，也可以定义相对值（该值相对于元素的当前值）。需要在值的前面加上 += 或 -=。

例如，使页面上的绿方块在右移时，长和宽在原基础上再增加 150 像素。代码如下：

```
<!DOCTYPE html>
<html>
<head>
<meta charset="utf-8">
<script src="http://cdn.static.runoob.com/libs/jquery/1.10.2/jquery.min.js">
</script>
<script>
$(document).ready(function(){
  $("button").click(function(){
    $("DIV").animate({
      left:'250px',
      height:'+=150px',
      width:'+=150px'
    });
  });
});
</script>
</head>

<body>
<button>开始动画</button>
<p>默认情况下，所有的 HTML 元素都有一个静态的位置，且是不可移动的。
如果需要改变，则需要将元素的 position 属性设置为 relative、fixed 或 absolute!</p>
<DIV style="background:#98bf21;height:100px;width:100px;position:absolute;">
</DIV>

</body>
</html>
```

（3）jQuery animate()：使用预定义的值，甚至可以把属性的动画值设置为 show、hide 或 toggle。

例如，使页面上的绿方块在隐藏和显示之间切换。代码如下：

```
<!DOCTYPE html>
<html>
<head>
<meta charset="utf-8">
<script src="http://cdn.static.runoob.com/libs/jquery/1.10.2/jquery.min.js">
</script>
<script>
$(document).ready(function(){
```

第 6 章　jQuery

```
    $("button").click(function(){
      $("DIV").animate({
        height:'toggle'
      });
    });
});
</script>
</head>


<body>
<button>开始动画</button>
<p>默认情况下,所有的 HTML 元素都有一个静态的位置,且是不可移动的。
如果需要改变,则需要将元素的 position 属性设置为 relative、fixed 或 absolute!</p>
<DIV style="background:#98bf21;height:100px;width:100px;position:absolute;">
</DIV>

</body>
</html>
```

(4) jQuery animate(): 使用队列功能,默认地,jQuery 提供针对动画的队列功能。这意味着如果在此之后编写多个 animate() 调用,则 jQuery 会创建包含这些方法调用的"内部"队列,然后逐一运行这些 animate 调用。

例如,使页面上的绿方块连续执行多个动画。代码如下:

```
<!DOCTYPE html>
<html>
<head>
<meta charset="utf-8">
<script src="http://cdn.static.runoob.com/libs/jquery/1.10.2/jquery.min.js">
</script>
<script>
$(document).ready(function(){
  $("button").click(function(){
    var DIV=$("DIV");
    DIV.animate({height:'300px',opacity:'0.4'},"slow");
    DIV.animate({width:'300px',opacity:'0.8'},"slow");
    DIV.animate({height:'100px',opacity:'0.4'},"slow");
    DIV.animate({width:'100px',opacity:'0.8'},"slow");
  });
});
</script>
</head>


<body>
<button>开始动画</button>
```

```html
<p>默认情况下，所有的 HTML 元素都有一个静态的位置，且是不可移动的。
如果需要改变，则需要将元素的 position 属性设置为 relative、fixed 或 absolute!</p>
<DIV style="background:#98bf21;height:100px;width:100px;position:absolute;">
</DIV>


</body>
</html>
```

6.5.5 停止动画

jQuery stop() 方法用于在动画或效果完成前对它们进行停止。stop() 方法适用于所有 jQuery 效果函数，包括滑动、淡入淡出和自定义动画。语法格式如下：

$(selector).stop(stopAll,goToEnd);

可选的 stopAll 参数规定是否应该清除动画队列，默认是 false，即仅停止活动的动画，允许任何排入队列的动画向后执行。可选的 goToEnd 参数规定是否立即完成当前动画，默认是 false。因此，默认地，stop() 会清除在被选元素上指定的当前动画。

例如，使页面中的翻转面板在下滑时用按钮停止。代码如下：

```html
<!DOCTYPE html>
<html>
<head>
<meta charset="utf-8">
<script src="http://cdn.static.runoob.com/libs/jquery/1.10.2/jquery.min.js">
</script>
<script>
$(document).ready(function(){
  $("#flip").click(function(){
    $("#panel").slideDown(5000);
  });
  $("#stop").click(function(){
    $("#panel").stop();
  });
});
</script>

<style type="text/css">
#panel,#flip
{
    padding:5px;
    text-align:center;
    background-color:#e5eecc;
    border:solid 1px #c3c3c3;
}
```

```
#panel
{
    padding:50px;
    display:none;
}
</style>
</head>
<body>
<button id="stop">停止滑动</button>
<DIV id="flip">点我向下滑动面板</DIV>
<DIV id="panel">Hello world!</DIV>
</body>
</html>
```

Callback 函数在当前动画 100% 完成之后执行。

例如，在页面动画结束后弹出警告框。代码如下：

```
<!DOCTYPE html>
<html>
<head>
<meta charset="utf-8">
<script src="http://cdn.static.runoob.com/libs/jquery/1.10.2/jquery.min.js">
</script>
<script>
$(document).ready(function(){
  $("button").click(function(){
    $("p").hide("slow",function(){
      alert("段落现在被隐藏了");
    });
  });
});
</script>
</head>
<body>
<button>隐藏</button>
<p>我是段落内容，单击"隐藏"按钮我就会消失</p>
</body>
</html>
```

第 7 章

Ajax

7.1 Ajax 概述

7.1.1 什么是 Ajax

Ajax 是一种在无须重新加载整个网页的情况下，能够更新部分网页的技术。Ajax 是 Asynchronous java script and XML（以及 DHTML 等）的缩写。Ajax 是一种用于创建快速动态网页的技术。通过在后台与服务器进行少量数据交换，Ajax 可以使网页实现异步更新。这意味着可以在不重新加载整个网页的情况下，对网页的某部分进行更新。传统的网页（不使用 Ajax）中，如果需要更新内容，则必须重载整个网页面。有很多使用 Ajax 的应用程序案例：新浪微博、Google 地图、开心网等。

7.1.2 Ajax 的工作原理

Ajax 的工作原理如图 7-1 所示。

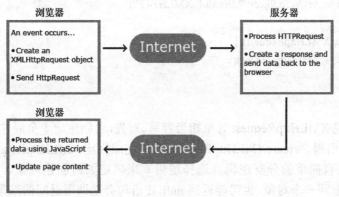

图 7-1　Ajax 工作原理图

7.1.3 Ajax 基于现有的 Internet 标准

Ajax 基于现有的 Internet 标准，并且联合使用它们，包括：
- XMLHttpRequest 对象（异步的与服务器交换数据）；
- JavaScript/DOM（信息显示/交互）；
- CSS（给数据定义样式）；

第 7 章　Ajax　221

- XML（作为转换数据的格式）。

Ajax 应用程序与浏览器和平台无关。

7.2 使用 XMLHttpRequest 对象

7.2.1 XMLHttpRequest 对象概述

在使用 XMLHttpRequest 对象发送请求和处理响应之前，必须先用 JavaScript 创建一个 XMLHttpRequest 对象。由于 XMLHttpRequest 不是一个 W3C 标准，所以可以采用多种方法使用 JavaScript 来创建 XMLHttpRequest 的实例。Internet Explorer 把 XMLHttpRequest 实现为一个 ActiveX 对象，其他浏览器（如 Firefox、Safari 和 Opera）把它实现为一个本地 JavaScript 对象。由于存在这些差别，JavaScript 代码中必须包含有关的逻辑，从而使用 ActiveX 技术或本地 JavaScript 对象技术来创建 XMLHttpRequest 的实例。

为了明确如何创建 XMLHttpRequest 对象的实例，并不需要多少详细地编写代码来区别浏览器类型，要做的只是检查浏览器是否提供对 ActiveX 对象的支持。如果浏览器支持 ActiveX 对象，就可以使用 ActiveX 来创建 XMLHttpRequest 对象；否则，就要使用本地 JavaScript 对象技术来创建。

以下代码展示了编写跨浏览器的 JavaScript 代码来创建 XMLHttpRequest 对象实例是多么简单：

```
var xmlHttp;
function createXMLHttpRequest() {
    if (window.ActiveXObject) {
        xmlHttp = new ActiveXObject("Microsoft.XMLHTTP");
    }
    else if (window.XMLHttpRequest) {
        xmlHttp = new XMLHttpRequest();
    }
}
```

可以看到，创建 XMLHttpRequest 对象相当容易。首先，要创建一个全局作用域变量 xmlHttp 来保存这个对象的引用。createXMLHttpRequest 方法完成创建 XMLHttpRequest 实例的具体工作。这个方法中只有简单的分支逻辑（选择逻辑）来确定如何创建对象。对 window.ActiveXObject 的调用会返回一个对象，也可能返回 null，if 语句会把调用返回的结果看作 true 或 false（如果返回对象则为 true，返回 null 则为 false），以此指示浏览器是否支持 ActiveX 控件，相应地得知浏览器是不是 Internet Explorer。如果确实是，则通过实例化 ActiveXObject 的一个新实例来创建 XMLHttpRequest 对象，并传入一个串指示要创建何种类型的 ActiveX 对象。在这个例子中，为构造函数提供的字符串是 Microsoft.XMLHTTP，这说明你想创建 XMLHttpRequest 的一个实例。

如果 window.ActiveXObject 调用失败（返回 null），JavaScript 就会转到 else 语句分支，确定浏览器是否把 XMLHttpRequest 实现为一个本地 JavaScript 对象。如果存在 window.XML

HttpRequest,就会创建 XMLHttpRequest 的一个实例。

由于 JavaScript 具有动态类型特性,而且 XMLHttpRequest 在不同浏览器上的实现是兼容的,所以可以用同样的方式访问 XMLHttpRequest 实例的属性和方法,而不论这个实例创建的方法是什么。这就大大简化了开发过程,而且在 JavaScript 中也不必编写特定于浏览器的逻辑。

7.2.2 方法和属性

表 7-1 显示了 XMLHttpRequest 对象的一些典型方法。

表 7-1 XMLHttpRequest 对象的典型方法

方 法	描 述
abort()	停止当前请求
getAllResponseHeaders()	把 HTTP 请求的所有响应首部作为键/值对返回
getResponseHeader("header")	返回指定首部的串值
open("method", "url")	建立对服务器的调用。method 参数可以是 GET、POST 或 PUT;url 参数可以是相对 URL 或绝对 URL。这个方法还包括三个可选的参数
send(content)	向服务器发送请求
setRequestHeader("header", "value")	把指定首部设置为所提供的值。在设置任何首部之前必须先调用 open()

下面详细地介绍这些方法。

(1) void open(string method, string url, boolean asynch, string username, string password):这个方法会建立对服务器的调用。这是初始化一个请求的纯脚本方法。它有两个必要的参数,还有三个可选参数。该方法需要提供调用的特定方法(GET、POST 或 PUT),还要提供所调用资源的 URL。另外还可以传递一个 Boolean 值,指示这个调用是异步的还是同步的,默认值为 true,表示请求本质上是异步的;如果为 false,处理就会等待,直到从服务器返回响应为止。由于异步调用是使用 Ajax 的主要优势之一,所以倘若将这个参数设置为 false,则从某种程度上讲与使用 XMLHttpRequest 对象的初衷不太相符。不过,前面已经说过,在某些情况下这个参数设置为 false 也是有用的,比如在持久存储页面之前可以先验证用户的输入。最后两个参数不说自明,允许指定一个特定的用户名和密码。

(2) void send(content):这个方法具体向服务器发出请求。如果请求声明为异步的,这个方法就会立即返回,否则它会等待直到接收到响应为止。可选参数可以是 DOM 对象的实例、输入流或字符串。传入这个方法的内容会作为请求体的一部分发送。

(3) void setRequestHeader(string header, string value):这个方法为 HTTP 请求中一个给定的首部设置值。它有两个参数,第一个表示要设置的首部,第二个表示要在首部中放置的值。需要说明,这个方法必须在调用 open()之后才能调用。

在以上这些方法中,最有可能用到的就是 open()和 send()。XMLHttpRequest 对象还有许多属性,在设计 Ajax 交互时这些属性非常有用。

(4) void abort():顾名思义,这个方法就是要停止请求。

(5) string getAllResponseHeaders():这个方法返回一个字符串,其中包含 HTTP 请求的所有响应首部,首部包括 Content-Length、Date 和 URI。

(6) string getResponseHeader(string header):这个方法与 getAllResponseHeaders()是对应的,不过它有一个参数表示用户希望得到的指定首部值,并把这个值作为串返回。

除了这些典型方法，XMLHttpRequest 对象还提供了许多属性，如表 7-2 所示。处理 XMLHttpRequest 时可以大量使用这些属性。

表 7-2 标准 XMLHttpRequest 属性

属　　性	描　　述
onreadystatechange	每个状态改变时都会触发这个事件处理器，通常会调用一个 JavaScript 函数
readyState	请求的状态。有五个可取值：0——未初始化；1——正在加载；2——已加载；3——交互中；4——完成
responseText	服务器的响应，表示为一个字符串
responseXML	服务器的响应，表示为 XML。这个对象可以解析为一个 DOM 对象
status	服务器的 HTTP 状态码。200——OK；404——Not Found（未找到）；等等
statusText	HTTP 状态码的相应文本，OK、Not Found（未找到）等

7.2.3 交互示例

图 7-2 显示了 Ajax 应用中标准的交互模式。

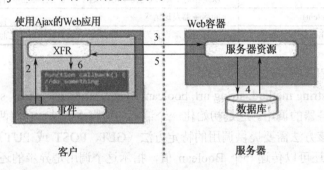

图 7-2 标准 Ajax 交互

不同于标准 Web 客户中所用的标准请求/响应方法，Ajax 应用的做法稍有差别。

（1）一个客户端事件触发一个 Ajax 事件：从简单的 onchange 事件到某个特定的用户动作，很多这样的事件都可以触发 Ajax 事件。例如，可以有如下的代码：

```
<input type="text"d="email" name="email" onblur="validateEmail()";>
```

（2）创建 XMLHttpRequest 对象的一个实例：使用 open()方法建立调用，并设置 URL 以及所希望的 HTTP 方法（通常是 GET 或 POST）。请求实际上是通过一个 send()方法调用触发的。可能的代码如下：

```
var xmlHttp;
function validateEmail() {
  var email = document.getElementById("email");
  var url = "validate?email=" + escape(email.value);
  if (window.ActiveXObject) {
    xmlHttp = new ActiveXObject("Microsoft.XMLHTTP");
  }
  else if (window.XMLHttpRequest) {
    xmlHttp = new XMLHttpRequest();
```

```
}
xmlHttp.open("GET", url);
xmlHttp.onreadystatechange = callback;
xmlHttp.send(null);
}
```

（3）向服务器做出请求：可能调用 servlet、CGI 脚本或任何服务器端技术。

（4）服务器可以访问数据库，甚至访问另一个系统。

（5）请求返回到浏览器：Content-Type 设置为 text/xml，因为 XMLHttpRequest 对象只能处理 text/html 类型的结果。在一些更复杂示例中，响应可能涉及更广，还包括 JavaScript、DOM 管理以及其他相关的技术。需要说明，用户还需要设置另外一些首部，使浏览器不会在本地缓存结果。为此可以使用下面的代码：

```
response.setHeader("Cache-Control", "no-cache");
response.setHeader("Pragma", "no-cache");
```

（6）以下示例中，XMLHttpRequest 对象配置为处理返回时要调用 callback()函数。这个函数会检查 XMLHttpRequest 对象的 readyState 属性，然后查看服务器返回的状态码。如果一切正常，callback()函数就会在客户端上做些有意思的工作。代码如下：

```
function callback() {
  if (xmlHttp.readyState == 4) {
    if (xmlHttp.status == 200) {
      //do something interesting here
    }
  }
}
```

可以看到，这与正常的请求/响应模式有所不同，但对 Web 开发人员来说，并不是完全陌生的。显然，在创建和建立 XMLHttpRequest 对象时还可以做些事情，另外，当 Callback() 函数完成状态检查之后也可以有所作为。一般地，用户会把这些标准调用包装在一个库中，以便在整个应用中使用，或者可以使用 Web 上提供的库。这个领域还很新，但是在开源社区中已经如火如荼地展开了大量工作。

通常，Web 上提供的各种框架和工具包负责基本的连接和浏览器抽象，有些还增加了用户界面组件，有些纯粹基于客户，还有一些需要在服务器上工作。这些框架中，很多只是刚开始开发，或者还处于发布的早期阶段，随着新的库和新的版本的定期出现，情况在不断发生变化。这个领域正在日渐成熟，最具优势的将脱颖而出。一些比较成熟的库包括 libXmlRequest、RSLite、sarissa、JavaScript 对象注解（JavaScript Object Notation，JSON）、JSRS、直接 Web 远程通信（Direct Web Remoting，DWR）和 Rails on Ruby。这个领域日新月异，应当适当地配置 RSS 收集器，收集有关 Ajax 的所有网站上的信息。

7.2.4 GET 与 POST

从理论上讲，如果请求是幂等的，就可以使用 GET。所谓幂等，是指多个请求返回相同的结果。实际上，相应的服务器方法可能会以某种方式修改状态，所以一般情况下这是不成立的，这只是一种标准。GET 与 POST 更实际的区别在于净荷的大小。在许多情况下，浏览器和服务器会限制 URL 的长度。URL 用于向服务器发送数据。一般来讲，可以使用 GET 从服务器获取数据。换句话说，要避免使用 GET 调用改变服务器上的状态。

一般地，当改变服务器上的状态时应当使用 POST 方法。不同于 GET，需要设置 XMLHttpRequest 对象的 Content-Type 首部，代码如下：

xmlHttp.setRequestHeader("Content-Type", "application/x-www-form-urlencoded");

与 GET 不同，POST 不会限制发送给服务器的净荷的大小，而且 POST 请求不能保证是幂等的。

大多数请求可能都是 GET 请求，不过如果需要，也完全可以使用 POST。

7.2.5 远程脚本

本小节简单介绍远程脚本。在以前，一般认为远程脚本（remote scripting）只是一种修修补补。不过，它确实提供了一种能避免页面刷新的机制。

1. 远程脚本概述

基本说来，远程脚本是一种远程过程调用类型。用户可以像正常的 Web 应用一样与服务器交互，但是不用刷新整个页面。与 Ajax 类似，用户可以调用任何服务器端技术来接收请求、处理请求并返回一个有意义的结果。正如在服务器端有很多选择，客户端同样有许多实现远程脚本的选择。用户可以在应用中嵌入 Flash 动画、Java applet 或 ActiveX 组件，甚至可以使用 XML-RPC，但是这种方法过于复杂，因此除非使用这种技术很有经验，否则不太适合。实现远程脚本的通常做法包括将脚本与一个 IFRAME（隐藏或不隐藏）结合，以及由服务器返回 JavaScript，然后在浏览器中运行这个 JavaScript。

Microsoft 公司提供了自己的远程脚本解决方案，并称之为 Microsoft 远程脚本（Microsoft Remote Scripting，MSRS）。采用这种方法，可以像调用本地脚本一样调用服务器脚本。页面中嵌入 Java applet，以便与服务器通信，.asp 页面用于放置服务器端脚本，并用.htm 文件管理客户端的布局摆放。在 Netscape 和 IE 4.0 及更高版本中都可以使用 Microsoft 公司的这种解决方案，既可以同步调用，也可以异步调用。不过，这种解决方案需要 Java，这意味着可能还需要附加的安装例程，而且还需要 Internet Information Services（IIS），因此会限制服务器端的选择。

Brent Ashley 为远程脚本创建了两个免费的跨平台库。JSRS 是一个客户端 JavaScript 库，它充分利用 DHTML 向服务器做远程调用。相当多的操作系统和浏览器上都能使用 JSRS。如果采用一些常用的、流行的服务器端实现（如 PHP、Python 和 Perl CGI），则 JSRS 一般都能在网站上安装并运行。Ashley 免费提供了 JSRS，而且还可以从其网站（www.ashleyit.com/rs/main.htm）上得到源代码。

如果觉得 JSRS 太过笨重，Ashley 还创建了 RSLite，这个库使用了 cookie。RSLite 仅限于少量数据和单一调用，不过大多数浏览器都能提供支持。

2. 远程脚本的示例

为了进行比较，这里展示如何使用 IFRAME 来实现类似 Ajax 的技术。这非常简单，而且过去我们就用过这种方法（在 XMLHttpRequest 问世之前）。这个示例并没有真正调用服务器，只是使读者对如何使用 IFRAME 实现远程脚本有所认识。

这个示例包括两个文件：iframe.html 和 server.html。server.html 模拟了本应从服务器返回的响应。

iframe.html 文件代码清单如下：

```html
<html>
  <head>
    <title>Example of remote scripting in an IFRAME</title>
  </head>
  <script type="text/javascript">
    function handleResponse() {
      alert('this function is called from server.html');
    }
  </script>
  <body>
    <h1>Remote Scripting with an IFRAME</h1>

    <iframe id="beforexhr"
    name="beforexhr"
    style="width:0px; height:0px; border: 0px"
    src="blank.html"></iframe>

    <a href="server.html" target="beforexhr">call the server</a>

  </body>
</html>
```

server.html 文件代码清单如下：

```html
<html>
  <head>
    <title>the server</title>
  </head>
  <script type="text/javascript">
    window.parent.handleResponse();
  </script>
  <body>
  </body>
</html>
```

图 7-3 显示了最初的页面。运行以上代码生成的结果如图 7-4 所示。

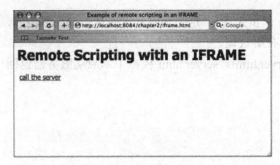 

图 7-3　最初的页面　　　　　　　　　图 7-4　调用"服务器"之后的页面

7.2.6　如何发送简单请求

现在开始使用 XMLHttpRequest 对象。刚刚讨论了如何创建这个对象,下面来看如何向服务器发送请求,以及如何处理服务器的响应。

最简单的请求是,不以查询参数或提交表单数据的形式向服务器发送任何信息。在实际中,往往都希望向服务器发送一些信息。

使用 XMLHttpRequest 对象发送请求的基本步骤如下:

(1) 为得到 XMLHttpRequest 对象实例的一个引用,可以创建一个新的实例,也可以访问包含有 XMLHttpRequest 实例的一个变量。

(2) 告诉 XMLHttpRequest 对象,哪个函数会处理 XMLHttpRequest 对象状态的改变,为此要把对象的 onreadystatechange 属性设置为指向 JavaScript 函数的指针。

(3) 指定请求的属性。XMLHttpRequest 对象的 open()方法会指定将发出的请求。open()方法取三个参数:一是指示所用方法(通常是 GET 或 POST)的字符串;二是表示目标资源 URL 的字符串;三是 Boolean 值,指示请求是否是异步的。

(4) 将请求发送给服务器。XMLHttpRequest 对象的 send()方法把请求发送到指定的目标资源。send()方法接受一个参数,通常是一个字符串或一个 DOM 对象。这个参数作为请求体的一部分发送到目标 URL。当向 send()方法提供参数时,要确保 open()中指定的方法是 POST。如果没有数据作为请求体的一部分被发送,则使用 null。

以上步骤很直观:你需要 XMLHttpRequest 对象的一个实例,要告诉它如果状态有变化该怎么做,还要告诉它向哪里发送请求以及如何发送请求,最后还需要指导 XMLHttpRequest 发送请求。不过,除非你对 C 或 C++很了解,否则可能不明白函数指针(function pointer)是什么意思。

函数指针与任何其他变量类似,只不过它指向的不是像字符串、数字甚至对象实例之类的数据,而是指向一个函数。在 JavaScript 中,所有函数在内存中都编有地址,可以使用函数名引用。这就提供了很大的灵活性,可以把函数指针作为参数传递给其他函数,或者在一个对象的属性中存储函数指针。

对于 XMLHttpRequest 对象,onreadystatechange 属性存储了回调函数的指针。当 XMLHttpRequest 对象的内部状态发生变化时,就会调用这个回调函数。当进行了异步调用时,请求就会发出,脚本立即继续处理(在脚本继续工作之前,不必等待请求结束)。一旦发出了请求,对象的 readyState 属性会经过几个变化。尽管针对任何状态都可以做一些处理,不过用户最感兴趣的状态可能是服务器响应结束时的状态。通过设置回调函数,就可以有效地告诉

XMLHttpRequest 对象：只要响应到来，就调用这个函数来处理响应。

1. 简单请求的示例

这是一个很小的 HTML 页面，只有一个按钮。单击这个按钮会初始化一个发至服务器的异步请求。服务器将发回一个简单的静态文本文件作为响应。在处理这个响应时，会在一个警告窗口中显示该静态文本文件的内容。以下代码（simpleRequest.html 页面）显示了这个 HTML 页面和相关的 JavaScript：

```html
<!DOCTYPE html PUBLIC "-//W3C//DTD XHTML 1.0 Strict//EN"
    "http://www.w3.org/TR/xhtml1/DTD/xhtml1-strict.dtd">
<html xmlns="http://www.w3.org/1999/xhtml">
<head>
<title>Simple XMLHttpRequest</title>
<script type="text/javascript">
var xmlHttp;

function createXMLHttpRequest() {
    if (window.ActiveXObject) {
        xmlHttp = new ActiveXObject("Microsoft.XMLHTTP");
    }
    else if (window.XMLHttpRequest) {
        xmlHttp = new XMLHttpRequest();
    }
}

function startRequest() {
    createXMLHttpRequest();
    xmlHttp.onreadystatechange = handleStateChange;
    xmlHttp.open("GET", "simpleResponse.xml", true);
    xmlHttp.send(null);
}

function handleStateChange() {
    if(xmlHttp.readyState == 4) {
        if(xmlHttp.status == 200) {
            alert("The server replied with: " + xmlHttp.responseText);
        }
    }
}
</script>
</head>

<body>
    <form action="#">
```

```
        <input type="button" value="Start Basic Asynchronous Request"
            onclick="startRequest();"/>
    </form>
</body>
</html>
```

服务器的响应文件 simpleResponse.xml 只有一行文本。单击 HTML 页面上的按钮会生成一个警告框，其中显示 simpleResponse.xml 文件的内容。从图 7-5 中可以分别看到在 Internet Explorer 和 Firefox 中显示的包含服务器响应的警告框。

对服务器的请求是异步发送的，因此浏览器可以继续响应用户输入，同时在后台等待服务器的响应。如果选择同步操作，见服务器的响应要几秒后才能到达，浏览器就会表现得很迟钝，在等待期间不能响应用户的输入。而异步做法可以避免这种情况，从而让最终用户有更好的体验。尽管这种改善很细微，但确实很有意义。这样用户就能继续工作，而且服务器会在后台处理先前的请求。

 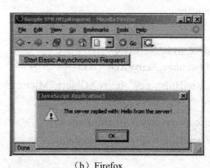

（a）Internet Explorer　　　　　　　　　　（b）Firefox

图 7-5　第一个简单的异步请求

与服务器通信而不打断用户的使用流程，这种能力使开发人员采用多种技术改善用户体验成为可能。例如，假设有一个验证用户输入的应用，用户在输入表单上填写各个字段时，浏览器可以定期地向服务器发送表单值进行验证，此时并不打断用户，他还可以继续填写余下的表单字段。如果某个验证规则失败，在表单真正发送到服务器进行处理之前，用户就会立即得到通知，这就能大大节省用户的时间，也能减轻服务器上的负载，因为不必在表单提交不成功时完全重建表单的内容。

2．关于安全

如果讨论基于浏览器的技术时没有提到安全，那么这个讨论就是不完整的。XMLHttpRequest 对象要受制于浏览器的安全"沙箱"。XMLHttpRequest 对象请求的所有资源都必须与调用脚本在同一个域内。这个安全限制使得 XMLHttpRequest 对象不能请求脚本所在域之外的资源。

这个安全限制的强度因浏览器而异。IE 会显示一个警告，指出可能存在一个潜在的安全风险，但用户可以选择是否继续发出请求；Firefox 则会断然停止请求，并在 JavaScript 控制台显示一个错误消息。

Firefox 确实提供了一些 JavaScript 技巧，使得 XMLHttpRequest 也可以请求外部 URL 的资源。不过，由于这些技术针对特定的浏览器，所以最好不要使用，而且要避免使用 XMLHttpRequest 访问外部 URL。

7.3 与服务器通信——处理响应和发送请求

7.3.1 处理服务器响应

XMLHttpRequest 对象提供了两个可以用来访问服务器响应的属性。第一个属性 responseText 将响应提供为一个字符串，第二个属性 responseXML 将响应提供为一个 XML 对象。一些简单的用例就很适合按简单文本来获取响应，如将响应显示在警告框中，或者响应只是指示成功还是失败的词语。

1. 使用 innerHTML 属性创建动态内容

如果结合使用 HTML 元素的 innerHTML 属性，responseText 属性就会变得非常有用。innerHTML 属性是一个非标准的属性，这是一个简单的字符串，表示一组开始标记和结束标记之间的内容。

通过结合使用 responseText 和 innerHTML，服务器就能"生产"或生成 HTML 内容，由浏览器使用 innerHTML 属性来"消费"或处理。下面的例子展示了一个搜索功能，这是使用 XMLHttpRequest 对象、其 responseText 属性和 HTML 元素的 innerHTML 属性实现的。单击"search"（搜索）按钮将在服务器上启动"搜索"，服务器将生成一个结果表作为响应。浏览器处理响应时将 DIV 元素的 innerHTML 属性设置为 XMLHttpRequest 对象的 response-Text 属性值。图 7-6 显示了单击"search"按钮而且在窗口内容中增加结果表之后的浏览器窗口。

7.2.6 小节的例子只是将服务器响应显示在警告框中，本例子的代码与它很相似，具体步骤如下：

（1）单击"search"按钮时，调用 startRequest 函数，它先调用 createXMLHttpRequest 函数来初始化 XMLHttpRequest 对象的一个新实例。

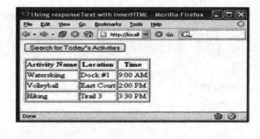

图 7-6　单击"search"按钮后的浏览器效果

（2）startRequest 函数将回调函数设置为 handleStateChange 函数。

（3）startRequest 函数使用 open()方法来设置请求方法（GET）及请求目标，并且设置为异步地完成请求。

（4）使用 XMLHttpRequest 对象的 send()方法发送请求。

（5）XMLHttpRequest 对象的内部状态每次有变化时，都会调用 handleStateChange 函数。一旦接收到响应（如果 readyState 属性的值为 4），DIV 元素的 innerHTML 属性就将使用 XMLHttpRequest 对象的 responseText 属性设置。

以下代码显示了 innerHTML.html：

```
<!DOCTYPE html PUBLIC "-//W3C//DTD XHTML 1.0 Strict//EN"
  "http://www.w3.org/TR/xhtml1/DTD/xhtml1-strict.dtd">
 <html xmlns="http://www.w3.org/1999/xhtml">
 <head>
<title>Using responseText with innerHTML</title>
```

```
<script type="text/javascript">
var xmlHttp;
function createXMLHttpRequest() {
    if (window.ActiveXObject) {
        xmlHttp = new ActiveXObject("Microsoft.XMLHTTP");
    }
    else if (window.XMLHttpRequest) {
        xmlHttp = new XMLHttpRequest();
    }
}

function startRequest() {
    createXMLHttpRequest();
    xmlHttp.onreadystatechange = handleStateChange;
    xmlHttp.open("GET", "innerHTML.xml", true);
    xmlHttp.send(null);
}

function handleStateChange() {
    if(xmlHttp.readyState == 4) {
        if(xmlHttp.status == 200) {
            document.getElementById("results").innerHTML = xmlHttp.responseText;
        }
    }
}
</script>
</head>

<body>
    <form action="#">
        <input type="button" value="Search for Today's Activities"
            onclick="startRequest();"/>
    </form>
    <DIV id="results"></DIV>
</body>
</html>
```

以下代码显示了 innerHTML.xml，表示搜索生成的内容：

```
<table border="1">
    <tbody>
        <tr>
            <th>Activity Name</th>
            <th>Location</th>
            <th>Time</th>
```

```
            </tr>
            <tr>
                <td>Waterskiing</td>
                <td>Dock #1</td>
                <td>9:00 AM</td>
            </tr>
            <tr>
                <td>Volleyball</td>
                <td>East Court</td>
                <td>2:00 PM</td>
            </tr>
            <tr>
                <td>Hiking</td>
                <td>Trail 3</td>
                <td>3:30 PM</td>
            </tr>
        </tbody>
</table>
```

使用 responseText 和 innerHTML 可以大大简化向页面增加动态内容的工作。遗憾的是，这种方法存在一些缺陷。前面已经提到，innerHTML 属性不是 HTML 元素的标准属性，所以与标准兼容的浏览器不一定提供这个属性的实现。不过，当前大多数浏览器都支持 innerHTML 属性。可笑的是，IE 是率先使用 innerHTML 的浏览器，但它的 innerHTML 实现反而最受限制。如今许多浏览器都将 innerHTML 属性作为所有 HTML 元素的读/写属性。与此不同，IE 则有所限制，在表和表行之类的 HTML 元素上，innerHTML 属性仅仅是只读属性，从一定程度上讲，这就限制了它的用途。

2. 将响应解析为 XML

我们知道，服务器不一定按 XML 格式发送响应，但只要 Content-Type 响应首部正确地设置为 text/plain（如果是 XML，Content-Type 响应首部则是 text/xml），将响应作为简单文本发送是完全可以的。复杂的数据结构就很适合以 XML 格式发送。对于导航 XML 文档以及修改 XML 文档的结构和内容，当前浏览器已经提供了很好的支持。

浏览器到底如何处理服务器返回的 XML 呢？当前浏览器把 XML 看作遵循 W3C DOM 的 XML 文档。W3C DOM 指定了一组很丰富的 API，可用于搜索和处理 XML 文档。DOM 兼容的浏览器必须实现这些 API，而且不允许有自定义的行为，这样就能尽可能地改善了脚本在不同浏览器之间的可移植性。

W3C DOM 到底是什么？W3C 主页提供了清晰的定义：文档对象模型（DOM）是与平台和语言无关的接口，允许程序和脚本动态地访问和更新文档的内容、结构和样式。文档可以进一步处理，处理的结果可以放回到所提供的页面中。

不仅如此，W3C 还解释了为什么要定义标准的 DOM。W3C 从其成员处收到了大量请求，这些请求都是关于将 XML 和 HTML 文档的对象模型提供给脚本所要采用的方法。提案并没有提出任何新的标记或样式表技术，而只是力图确保这些可互操作且与脚本语言无关的解决方案能达成共识,并为开发社区所采纳。简单地说,W3C DOM 标准的目的是尽量避免 20 世纪 90 年代末的脚本噩梦,那时相互竞争的浏览器都有自己专用的对象模型,而且通常都是不兼容的,这就使得实现跨平台的脚本极其困难。

W3C DOM 和 JavaScript 很容易混淆不清。DOM 是面向 HTML 和 XML 文档的 API,为文档提供了结构化表示,并定义了如何通过脚本来访问文档结构。JavaScript 则是用于访问和处理 DOM 的语言。如果没有 DOM,则 JavaScript 根本没有 Web 页面和构成页面元素的概念。文档中的每个元素都是 DOM 的一部分,这就使得 JavaScript 可以访问元素的属性和方法。

DOM 独立于具体的编程语言,通常通过 JavaScript 访问 DOM,不过并不严格要求这样。可以使用任何脚本语言来访问 DOM,这要归功于其一致的 API。表 7-3 列出了 DOM 元素的一些有用的属性,表 7-4 列出了一些有用的方法。

表 7-3 用于处理 XML 文档的 DOM 元素属性

属 性	描 述
childNodes	返回当前元素所有子元素的数组
firstChild	返回当前元素的第一个下级子元素
lastChild	返回当前元素的最后一个子元素
nextSibling	返回紧跟在当前元素后面的元素
nodeValue	指定表示元素值的读/写属性
parentNode	返回元素的父节点
previousSibling	返回紧邻当前元素之前的元素

表 7-4 用于遍历 XML 文档的 DOM 元素方法

方 法	描 述
getElementById(id) (document)	获取有指定唯一 ID 属性值文档中的元素
getElementsByTagName(name)	返回当前元素中有指定标记名的子元素的数组
hasChildNodes()	返回一个布尔值,指示元素是否有子元素
getAttribute(name)	返回元素的属性值,属性由 name 指定

有了 W3C DOM,就能编写简单的跨浏览器脚本,从而充分利用 XML 的强大功能和灵活性,将 XML 作为浏览器和服务器之间的通信介质。

从下面的例子可以看到,使用遵循 W3C DOM 的 JavaScript 来读取 XML 文档是何等简单。这是一个简单的美国州名列表,各个州按地区划分。以下代码显示了服务器向浏览器返回的 XML 文档的内容:

```
<?xml version="1.0" encoding="UTF-8"?>
<states>
  <north>
    <state>Minnesota</state>
    <state>Iowa</state>
    <state>North Dakota</state>
  </north>
  <south>
    <state>Texas</state>
    <state>Oklahoma</state>
```

```
            <state>Louisiana</state>
        </south>
        <east>
            <state>New York</state>
            <state>North Carolina</state>
            <state>Massachusetts</state>
        </east>
        <west>
            <state>California</state>
            <state>Oregon</state>
            <state>Nevada</state>
        </west>
</states>
```

在浏览器上会生成具有两个按钮的HTML页面。单击第一个按钮，将从服务器加载XML文档，然后在警告框中显示列于文档中的所有州。单击第二个按钮也会从服务器加载XML文档，不过只在警告框中显示北部地区的各个州，如图7-7所示。

单击页面上的任何按钮都会从服务器加载XML文档，并在警告框中显示适当的结果。以下代码显示了parseXML.html：

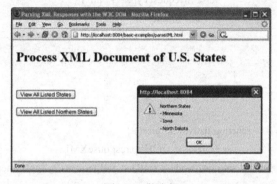

图7-7 警告框

```
<!DOCTYPE html PUBLIC "-//W3C//DTD XHTML 1.0 Strict//EN"
  "http://www.w3.org/TR/xhtml1/DTD/xhtml1-strict.dtd">
<html xmlns="http://www.w3.org/1999/xhtml">
<head>
<title>Parsing XML Responses with the W3C DOM</title>

<script type="text/javascript">
var xmlHttp;
var requestType = "";

function createXMLHttpRequest() {
    if (window.ActiveXObject) {
        xmlHttp = new ActiveXObject("Microsoft.XMLHTTP");
    }
    else if (window.XMLHttpRequest) {
        xmlHttp = new XMLHttpRequest();
    }
}

function startRequest(requestedList) {
```

```
    requestType = requestedList;
    createXMLHttpRequest();
    xmlHttp.onreadystatechange = handleStateChange;
    xmlHttp.open("GET", "parseXML.xml", true);
    xmlHttp.send(null);
}

function handleStateChange() {
    if(xmlHttp.readyState == 4) {
        if(xmlHttp.status == 200) {
            if(requestType == "north") {
                listNorthStates();
            }
            else if(requestType == "all") {
                listAllStates();
            }
        }
    }
}

function listNorthStates() {
    var xmlDoc = xmlHttp.responseXML;
    var northNode = xmlDoc.getElementsByTagName("north")[0];

    var out = "Northern States";
    var northStates = northNode.getElementsByTagName("state");

    outputList("Northern States", northStates);
}

function listAllStates() {
    var xmlDoc = xmlHttp.responseXML;
    var allStates = xmlDoc.getElementsByTagName("state");

    outputList("All States in Document", allStates);
}

function outputList(title, states) {
    var out = title;
    var currentState = null;
    for(var i = 0; i < states.length; i++) {
        currentState = states[i];
        out = out + "\n- " + currentState.childNodes[0].nodeValue;
    }
```

```html
        alert(out);
    }
    </script>
    </head>

    <body>
        <h1>Process XML Document of U.S. States</h1>
        <br/><br/>
        <form action="#">
            <input type="button" value="View All Listed States"
                onclick="startRequest('all');"/>
            <br/><br/>
            <input type="button" value="View All Listed Northern States"
                onclick="startRequest('north');"/>
        </form>
    </body>
    </html>
```

以上脚本从服务器获取 XML 文档并加以处理，它与前面看到的例子很相似，不过前面的例子只是将响应处理为简单文本。关键区别就在于 listNorthStates 和 listAllStates 函数。前面的例子从 XMLHttpRequest 对象获取服务器响应，并使用 XMLHttpRequest 对象的 responseText 属性将响应获取为文本。listNorthStates 和 listAllStates 函数则不同，它们使用了 XMLHttpRequest 对象的 responseXML 属性，将结果获取为 XML 文档，这样一来，就可以使用 W3C DOM 方法来遍历 XML 文档了。

仔细研究一下 listAllStates 函数。它首先创建了一个局部变量，名为 xmlDoc，并将这个变量初始化设置为服务器返回的 XML 文档，这个 XML 文档是使用 XMLHttpRequest 对象的 responseXML 属性得到的。利用 XML 文档的 getElementsByTagName 方法可以获取文档中所有标记名为 state 的元素。getElementsByTagName 方法返回了包含所有 state 元素的数组，这个数组将赋给名为 allStates 的局部变量。

从 XML 文档获取了所有 state 元素之后，listAllStates 函数调用 outputList 函数，并在警告框中显示这些 state 元素。listAllStates 方法将迭代处理 state 元素的数组，将各元素的相应州名逐个追加到一个字符串中，这个字符串最后将显示在警告框中。

有一点要特别注意，即如何从 state 元素获取州名。你可能认为，state 元素会简单地提供属性或方法来得到这个元素的文本，但并非如此。

表示州名的文本实际上是 state 元素的子元素。在 XML 文档中，文本本身被认为是一个节点，而且必须是另外某个元素的子元素。由于表示州名的文本实际上是 state 元素的子元素，所以必须先从 state 元素获取文本元素，再从这个文本元素得到其文本内容。

outputList 函数的工作就是如此。它迭代处理数组中的所有元素，将当前元素赋给 currentState 变量。因为表示州名的文本元素总是 state 元素的第一个子元素，所以可以使用 childNodes 属性来得到文本元素。一旦有了具体的文本元素，就可以使用 nodeValue 属性返回表示州名的文本内容。

listNorthStates 函数与 listAllStates 是类似的，只不过增加了一个小技巧。用户只想得到北部地区的州，而不是所有州。为此，首先使用 getElementsByTagName 方法获取 north 标记，从而获得 XML 文档中的 north 元素。因为文档只包含一个 north 元素，而且 getElementsByTagName 方法总是返回一个数组，所以要用[0]来抽出 north 元素。这是因为，在 getElementsByTagName 方法返回的数组中，north 元素处在第一个位置上（也是唯一的位置）。既然有了 north 元素，接下来调用 north 元素的 getElementsByTagName 方法，就可以得到 north 元素的 state 子元素。有了 north 元素所有 state 子元素的数组后，再使用 outputList 方法在警告框中显示这些州名。

7.3.2 发送请求参数

到此为止，介绍了如何使用 Ajax 技术向服务器发送请求，也知道了用户可以采用多种方法解析服务器的响应。前面的例子中只缺少一个内容，就是尚未将任何数据作为请求的一部分发送给服务器。在大多数情况下，向服务器发送一个请求而没有任何请求参数是没有什么意义的。如果没有请求参数，服务器就得不到上下文数据，也无法根据上下文数据为用户创建个性化的响应，实际上，服务器会向每个客户发送同样的响应。

要想充分发挥 Ajax 技术的强大功能，就要求向服务器发送一些上下文数据。假设有一个输入表单，其中包含需要输入电子邮件地址的部分。根据用户输入的 ZIP 编码，可以使用 Ajax 技术预填相应的城市名。当然，要想查找 ZIP 编码对应的城市，服务器首先需要知道用户输入的 ZIP 编码。

你需要以某种方式将用户输入的 ZIP 编码值传递给服务器。幸运的是，XMLHttpRequest 对象的工作与以往的 HTTP 技术（GET 和 POST）是一样的。

GET 方法把值作为名/值对放在请求 URL 中传递。资源 URL 的最后有一个问号（?），问号后面就是名/值对。名/值对采用 name=value 的形式，各个名/值对之间用与号（&）分隔。

下面是 GET 请求的一个例子。这个请求向 localhost 服务器上的 yourApp 应用发送了两个参数：firstName 和 middleName。需要注意，资源 URL 和参数集之间用问号分隔，firstName 和 middleName 之间用与号（&）分隔：

http://localhost/yourApp?firstName=Adam&middleName=Christopher

服务器知道如何获取 URL 中的命名参数。当前大多数服务器端编程环境都提供了简单的 API，使用户能很容易地访问命名参数。

采用 POST 方法向服务器发送命名参数时，与采用 GET 方法几乎是一样的。类似于 GET 方法，POST 方法会把参数编码为名/值对，形式为 name=value，每个名/值对之间也用与号（&）分隔。这两种方法的主要区别在于，POST 方法将参数串放在请求体中发送，而 GET 方法是将参数追加到 URL 中发送。

如果数据处理不改变数据模型的状态，则 HTML 使用规约理论上推荐采用 GET 方法，从这点可以看出，获取数据时应当使用 GET 方法。如果因为存储、更新数据或者发送电子邮件而使操作改变了数据模型的状态，则建议使用 POST 方法。

每个方法都有各自的优点。由于 GET 请求的参数编码到请求 URL 中，所以可以在浏览器中为该 URL 建立书签，以后就能很容易地重新请求。不过，如果是异步请求就没有什么用了。从发送到服务器的数据量来讲，POST 方法更为灵活。使用 GET 请求所能发送的数据量通常是固定的，因浏览器不同而有所差异，而 POST 方法可以发送任意量的数据。

HTML form 元素允许通过将 form 元素的 method 属性设置为 GET 或 POST 来指定所需的方法。在提交表单时，form 元素自动根据其 method 属性的规则对 input 元素的数据进行编码。XMLHttpRequest 对象没有这种内置行为。相反，要由开发人员使用 JavaScript 创建查询字符串，其中包含的数据要作为请求的一部分发送给服务器。不论使用的是 GET 请求还是 POST 请求，创建查询字符串的技术是一样的。唯一的区别是，当使用 GET 发送请求时，查询字符串会追加到请求 URL 中；而使用 POST 方法时，则在调用 XMLHttpRequest 对象的 send()方法时发送查询字符串。

图 7-8 显示了一个示例页面，展示了如何向服务器发送请求参数。这是一个简单的输入表单，要求输入名、姓和生日。这个表单有两个按钮，每个按钮都会向服务器发送名、姓和生日数据，不过一个使用 GET 方法，另一个使用 POST 方法。服务器以回显输入数据作为响应。在浏览器在页面上打印出服务器的响应时，请求响应周期结束。

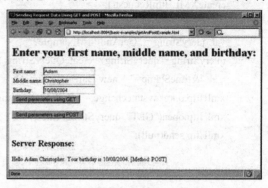

图 7-8　浏览器使用 GET 或 POST 方法发送输入数据，服务器回显输入数据作为响应

以下代码显示了 getAndPostExample.html：

```
<!DOCTYPE html PUBLIC "-//W3C//DTD XHTML 1.0 Strict//EN"
  "http://www.w3.org/TR/xhtml1/DTD/xhtml1-strict.dtd">
<html xmlns="http://www.w3.org/1999/xhtml">
<head>
<title>Sending Request Data Using GET and POST</title>

<script type="text/javascript">
var xmlHttp;

function createXMLHttpRequest() {
  if (window.ActiveXObject) {
    xmlHttp = new ActiveXObject("Microsoft.XMLHTTP");
  }
  else if (window.XMLHttpRequest) {
    xmlHttp = new XMLHttpRequest();
  }
}

function createQueryString() {
  var firstName = document.getElementById("firstName").value;
  var middleName = document.getElementById("middleName").value;
  var birthday = document.getElementById("birthday").value;

  var queryString = "firstName=" + firstName + "&middleName=" + middleName
    + "&birthday=" + birthday;
```

```
    return queryString;
}

function doRequestUsingGET() {
    createXMLHttpRequest();

    var queryString = "GetAndPostExample?";
    queryString = queryString + createQueryString()
        + "&timeStamp=" + new Date().getTime();
    xmlHttp.onreadystatechange = handleStateChange;
    xmlHttp.open("GET", queryString, true);
    xmlHttp.send(null);
}

function doRequestUsingPOST() {
    createXMLHttpRequest();

    var url = "GetAndPostExample?timeStamp=" + new Date().getTime();
    var queryString = createQueryString();

    xmlHttp.open("POST", url, true);
    xmlHttp.onreadystatechange = handleStateChange;
    xmlHttp.setRequestHeader("Content-Type",
            "application/x-www-form-urlencoded;");
    xmlHttp.send(queryString);
}

function handleStateChange() {
    if(xmlHttp.readyState == 4) {
        if(xmlHttp.status == 200) {
            parseResults();
        }
    }
}

function parseResults() {
    var responseDIV = document.getElementById("serverResponse");
    if(responseDIV.hasChildNodes()) {
        responseDIV.removeChild(responseDIV.childNodes[0]);
    }
    var responseText = document.createTextNode(xmlHttp.responseText);
    responseDIV.appendChild(responseText);
}
```

```html
    </script>
  </head>

  <body>
    <h1>Enter your first name, middle name, and birthday:</h1>

    <table>
      <tbody>
        <tr>
          <td>First name:</td>
          <td><input type="text" id="firstName"/></td>
        </tr>
        <tr>
          <td>Middle name:</td>
          <td><input type="text" id="middleName"/></td>
        </tr>
        <tr>
          <td>Birthday:</td>
          <td><input type="text" id="birthday"/></td>
        </tr>
      </tbody>
    </table>
    <form action="#">
      <input type="button" value="Send parameters using GET"
          onclick="doRequestUsingGET();"/>
      <br/><br/>
      <input type="button" value="Send parameters using POST"
          onclick="doRequestUsingPOST();"/>
    </form>

    <br/>
    <h2>Server Response:</h2>

    <DIV id="serverResponse"></DIV>

  </body>
</html>
```

以下代码显示了向浏览器回显名、姓和生日数据的 Java servlet：

```java
package ajaxbook.chap3;

import java.io.*;
import java.net.*;
```

```java
import javax.servlet.*;
import javax.servlet.http.*;

public class GetAndPostExample extends HttpServlet {

    protected void processRequest(HttpServletRequest request,
            HttpServletResponse response, String method)
    throws ServletException, IOException {

        //Set content type of the response to text/xml
        response.setContentType("text/xml");

        //Get the user's input
        String firstName = request.getParameter("firstName");
        String middleName = request.getParameter("middleName");
        String birthday = request.getParameter("birthday");

        //Create the response text
        String responseText = "Hello " + firstName + " " + middleName
            + ". Your birthday is " + birthday + "."
            + " [Method: " + method + "]";

        //Write the response back to the browser
        PrintWriter out = response.getWriter();
        out.println(responseText);

        //Close the writer
        out.close();
    }

    protected void doGet(HttpServletRequest request, HttpServletResponse response)
    throws ServletException, IOException {
        //Process the request in method processRequest
        processRequest(request, response, "GET");
    }

    protected void doPost(HttpServletRequest request, HttpServletResponse response)
    throws ServletException, IOException {
        //Process the request in method processRequest
        processRequest(request, response, "POST");
    }
}
```

下面来分析服务器端代码。这个例子使用了 Java servlet 来处理请求，不过也可以使用任何其他服务器端技术，如 PHP、CGI 或.NET。Java servlet 必须定义一个 doGet 方法和一个 doPost 方法，每个方法都根据请求方法（GET 或 POST）来调用。在这个例子中，doGet 和 doPost 都调用同样的方法 processRequest 来处理请求。

processRequest 方法先把响应的内容类型设置为 text/xml，尽管在这个例子中并没有真正用到 XML。通过使用 getParameter 方法从 request 对象获得三个输入字段。根据名、姓和生日以及请求方法的类型，会建立一个简单的语句。这个语句将写至响应输出流，最后响应输出流关闭。

浏览器端 JavaScript 与前面的例子同样是类似的，不过这里稍稍增加了几个技巧。这里有一个工具函数 createQueryString 负责将输入参数编码为查询字符串。createQueryString 函数只是获取名、姓和生日的输入值，并将它们追加为名/值对，每个名/值对之间由与号（&）分隔。这个函数会返回查询字符串，以便 GET 和 POST 操作重用。

单击 Send Parameters Using GET（使用 GET 方法发送参数）按钮将调用 doRequestUsingGET 函数。这个函数与前面例子中的许多函数一样，先调用创建 XMLHttpRequest 对象实例的函数，接下来对输入值编码，创建查询字符串。

在这个例子中，请求端点是名为 GetAndPostExample 的 servlet。在建立查询串时，要把 createQueryString 函数返回的查询串与请求端点连接，中间用问号（?）分隔。

JavaScript 仍与前面看到的类似。XMLHttpRequest 对象的 onreadystatechange 属性设置为要使用 handleStateChange 函数。open() 方法指定这是一个 GET 请求，并指定了端点 URL，在这里端点 URL 中包含有编码的参数。send() 方法将请求发送给服务器，handleStateChange 函数处理服务器响应。

当请求成功完成时，handleStateChange 函数将调用 parseResults 函数。parseResults 函数获取 DIV 元素，其中包含服务器的响应，并把它保存在局部变量 responseDIV 中。使用 responseDIV 的 removeChild 方法先将以前的服务器结果删除。最后，创建包含服务器响应的新文本节点，并将这个文本节点追加到 responseDIV。

使用 POST 方法与使用 GET 方法基本上是一样的，只是请求参数发送给服务器的方式不同。应该记得，使用 GET 时，名/值对会追加到目标 URL。POST 方法则把同样的查询字符串作为请求体的一部分发送。

单击 Send Parameters Using POST（使用 POST 方法发送参数）按钮将调用 doRequestUsingPOST 函数。类似于 doRequestUsingGET 函数，它先创建 XMLHttpRequest 对象的一个实例，脚本再创建查询字符串，其中包含要发送给服务器的参数。需要注意，查询字符串现在并不连接到目标 URL。

接下来调用 XMLHttpRequest 对象的 open() 方法，这次指定的请求方法是 POST，另外指定了没有追加名/值对的"原"目标 URL。onreadystatechange 属性设置为 handleStateChange 函数，所以响应会以与 GET 方法中相同的方式得到处理。为了确保服务器知道请求体中有请求参数，需要调用 setRequestHeader，将 Content-Type 值设置为 application/x-www-form-urlencoded。最后，调用 send() 方法，并把查询字符串作为参数传递给这个方法。

单击两个按钮的结果是一样的，页面上会显示一个字符串，其中包括指定的名、姓和生日，另外还会显示所用请求方法的类型。

第 8 章

Bootstrap

8.1 Bootstrap 概述

2011 年，Twitter 公司的"一小撮"工程师为了提高他们内部的分析和管理能力，用业余时间为他们的产品构建了一套易用、优雅、灵活、可扩展的前端工具集——Bootstrap。Bootstrap 由 Mark Otto 和 Jacob Thornton 设计和建立，在 github 上开源之后，迅速成为该站上最多人进行 Watch 和 Fork 的项目。大量工程师踊跃为该项目贡献代码，社区惊人地活跃，代码版本进化非常快速，官方文档质量极高，同时涌现了许多基于 Bootstrap 建设的网站，大都界面清新简洁，要素排版利落大方。

Bootstrap 是由 Twitter 公司（www.twitter.com）主导开发，基于 HTML、CSS、JavaScript 的简洁灵活的交互组件集合。它符合 HTML、CSS 规范，代码简洁、视觉优美、直观、强悍，使 Web 开发更迅速、简单。该框架设计时尚、直观、强大，可用于快速、简单地构建网页或网站。

GitHub 上这样介绍 Bootstrap：简单灵活可用于架构流行的用户界面和交互接口的 HTML、CSS、Javascript 工具集。基于 HTML5、CSS3 的 Bootstrap 具有大量的诱人特性——友好的学习曲线、卓越的兼容性、响应式设计、12 列格网、样式向导文档、自定义 JQuery 插件、完整的类库、基于 Less 等。

8.1.1 Bootstrap 安装

安装 Bootstrap 是非常容易的，本小节讲解如何下载并安装 Bootstrap。

1．下载 Bootstrap

用户可以从 http://getbootstrap.com 上下载 Bootstrap 的最新版本。单击这个链接时，将看到下载 Bootstrap 网页，如图 8-1 所示。

2．两个按钮

（1）Download Bootstrap：下载 Bootstrap。单击该按钮，可以下载 Bootstrap CSS、JavaScript 和字体的预编译的压缩版本，不包含文档和最初的源代码文件。

（2）Download Source：下载源代码。单击该按钮，可以直接从 From 上得到最新的 Bootstrap LESS 和 JavaScript 源代码。

如果用户使用的是未编译的源代码，则需要编译 LESS 文件来生成可重用的 CSS 文件；

对于编译 LESS 文件，Bootstrap 官方只支持 Recess，这是 Twitter 基于 less.js 的 CSS 提示。

图 8-1　下载 Bootstrap 网页

为了读者更好地了解和更方便地使用，本书使用 Bootstrap 的预编译版本。

由于文件是被编译和压缩过的，在独立的功能开发中，不必每次都包含这些独立的文件。

3．文件结构

（1）预编译的 Bootstrap：下载 Bootstrap 编译的版本后，解压缩 ZIP 文件，将看到如图 8-2 所示的文件结构，可以看到，已编译的 CSS 和 JS（bootstrap.*）以及已编译压缩的 CSS 和 JS（bootstrap.min.*），同时也包含了 Glyphicons 的字体，这是一个可选的 Bootstrap 主题。

（2）Bootstrap 源代码：如果下载了 Bootstrap 源代码，那么文件结构将如图 8-3 所示。

　　图 8-2　预编译的 Bootstrap 文件结构　　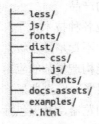
　　　　　　　　　　　　　　　　　　　　　　图 8-3　Bootstrap 源代码文件结构

less/、js/ 和 fonts/ 下的文件分别是 Bootstrap CSS、JS 和图标字体的源代码。dist/ 文件夹包含了上面预编译下载部分中所列的文件和文件夹。docs-assets/、examples/ 和所有的 .html 文件都是 Bootstrap 文档。

（3）HTML 模板：一个使用了 Bootstrap 的基本的 HTML 模板如下所示：

```
<!DOCTYPE html>
<html>
    <head>
        <title>Bootstrap 模板</title>
        <meta name="viewport" content="width=device-width, initial-scale=1.0">
    <!-- 引入 Bootstrap -->
        <link href="http://apps.bdimg.com/libs/bootstrap/3.3.0/css/bootstrap.min.css" rel="stylesheet">
        <!-- HTML5 Shim 和 Respond.js 用于让 IE 8 支持 HTML5 元素和媒体查询 -->
        <!-- 注意：如果通过 file:// 引入 Respond.js 文件，则该文件无法起效果 -->
        <!--[if lt IE 9]>
            <script src="https://oss.maxcdn.com/libs/html5shiv/3.7.0/html5shiv.js"></script>
            <script src="https://oss.maxcdn.com/libs/respond.js/1.3.0/respond.min.js"></script>
```

```html
        <![endif]-->
    </head>
    <body>
        <h1>Hello, world!</h1>
        <!-- jQuery (Bootstrap 的 JavaScript 插件需要引入 jQuery) -->
        <script src="https://code.jquery.com/jquery.js"></script>
        <!-- 包括所有已编译的插件 -->
        <script src="js/bootstrap.min.js"></script>
    </body>
</html>
```

在这里可以看到包含了 jquery.js、bootstrap.min.js 和 bootstrap.min.css 文件，用于让一个常规的 HTML 文件变为使用了 Bootstrap 的模板。

8.1.2　Bootstrap 特色

Bootstrap 是非常棒的前端开发工具包，它具有以下特色。

（1）由匠人造，为匠人用：与所有前端开发人员一样，Bootstrap 团队是国际上优秀的前端开发组织，它乐于创造出色的 Web 应用，同时希望帮助更多同行从业者，为同行提供更高效、更简洁的产品。

（2）适应各种技术水平：Bootstrap 适应不同技术水平的从业者，无论是设计师，还是程序开发人员；不管是骨灰级别的大牛，还是刚入门槛的菜鸟。使用 Bootstrap 既能开发简单的小东西，也能构造复杂的应用。

（3）跨设备、跨浏览器：最初设想的 Bootstrap 只支持现代浏览器，不过新版本已经能支持所有主流浏览器，甚至包括 IE 7。从 Bootstrap 2 开始，提供对平板和智能手机的支持。

（4）提供 12 列栅格布局：栅格系统不是万能的，不过在应用的核心层有一个稳定和灵活的栅格系统确实可以让开发变得更简单。可以选用内置的栅格，或是自己手写。

（5）支持响应式设计：从 Bootstrap 2 开始，提供完整的响应式特性。所有的组件都能根据分辨率和设备灵活缩放，从而提供一致性的用户体验。

（6）样式化的文档：与其他前端开发工具包不同，Bootstrap 优先设计了一个样式化的使用指南，不仅用来介绍特性，而且用以展示最佳实践、应用以及代码示例。

（7）不断完善的代码库：尽管经过 gzip 压缩后，Bootstrap 只有 10KB 大小，但它却仍是最完备的前端工具包之一，提供了几十个全功能的、随时可用的组件。

（8）可定制的 jQuery 插件：任何出色的组件设计都应提供易用、易扩展的人机界面。Bootstrap 为此提供了定制的 jQuery 内置插件。

（9）选用 LESS 构建动态样式：当传统的枯燥 CSS 写法止步不前时，LESS 技术横空出世。LESS 使用变量、嵌套、操作、混合编码，帮助用户花费很小的时间成本编写更快、更灵活的 CSS。

（10）支持 HTML5：Bootstrap 支持 HTML5 标签和语法，要求建立在 HTML5 文档类型基础上进行设计和开发。

（11）支持 CSS3：Bootstrap 支持 CSS3 所有属性和标准，逐步改进组件以达到最终效果。

（12）提供开源代码：Bootstrap 全部托管于 GitHub（https://github.com），完全开放源代码，

并借助 GitHub 平台实现社区化开发和共建。

（13）由 Twitter 公司制造：Twitter 公司是互联网的技术先驱，引领时代技术潮流。Twitter 公司前端开发团队是公认的最棒的团队之一，整个 Bootstrap 项目由经验丰富的工程师和设计师完成。

8.2 BootStrap CSS

8.2.1 Bootstrap 的基础布局——Scaffolding

本小节遵循官方文档结构来介绍 Bootstrap，包括脚手架（Scaffolding）、基础 CSS、组件、Javascript 插件、使用 LESS 与自定义。本小节主要介绍 Bootstrap 的基础布局——Scaffolding。

Bootstrap 建立了一个响应式的 12 列格网布局系统，它引入了 fixed 和 fluid-with 两种布局方式。下面从全局样式(Global Style)、格网系统(Grid System)、流式格网系统(Fluid Grid System)、自定义格网(Grid Gustomization)、布局(Layout)这五个方面讲解 Boostrap 的 Scaffolding。

1．全局样式（Global Style）

Bootstrap 要求 HTML5 的文件类型，所以必须在每个使用 Bootstrap 页面的开头都引用：

```
<!DOCTYPE html>
<htmllang="en"> …
</html>
```

同时，它通过 Bootstrap.less 文件来设置全局的排版和连接显示风格。其中去掉了 Body 的 margin，使用@baseFontFamily、@baseFontSize、@linkColor 等变量来控制基本排版。

2．格网系统（Grid System）

默认的 Bootstrap 格网系统提供一个宽达 940 px 的 12 列的格网。页面默认宽度是 940px，最小的单元要素宽度是 940/12px。Bootstrap 能够使网页可以更好地适应多种终端设备（平板电脑、智能手机等）。默认格网系统如图 8-4 所示。

图 8-4　默认格网系统(Default Grid System)

以下简单的代码实现了图 8-4 中第三列宽度为 4 和宽度为 8 的两个 DIV：

```
<DIVclass="row">
  <DIVclass="span4">…</DIV>
  <DIVclass="span8">…</DIV>
```

</DIV>

（1）偏移列：页面要素前面需要一些空白，Bootstrap 提供了偏移列来实现，如图 8-5 所示：

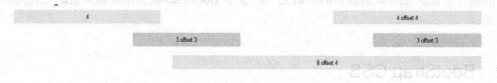

图 8-5　偏移列(Offset Columns)

以下代码实现了图 8-5 中第一列宽度为 4 和偏移度为 4、宽度为 4 的两个 DIV：

```
<DIVclass="row">
    <DIVclass="span4">…</DIV>
    <DIVclass="span4 offset4">…</DIV>
</DIV>
```

（2）嵌套列是容许用户实现更复杂的页面要素布局：在 Bootstrap 中实现嵌套列非常简单，只需要在原有的 DIV 中加入 .row 和相应的长度的 span* DIV 即可，如图 8-6 所示。

图 8-6　嵌套列（Nesting Columns）

以下代码实现了图 8-6 中第一层宽度为 12 和第二层两个宽度为 6 的两个 DIV：

```
<DIVclass="row">
    <DIVclass="span12">       Level 1 of column
    <DIVclass="row">
        <DIVclass="span6">Level 2</DIV>
        <DIVclass="span6">Level 2</DIV>
    </DIV>
    </DIV>
</DIV>
```

嵌套的 DIV 长度之和不能大于它的父 DIV，否则会溢出叠加。可以试试将第一层的 DIV 长度改为其他值，看看效果。

3．流式格网系统(Fluid Grid System)

它使用%，而不是固定的 px，来确定页面要素的宽度。只需要简单地将 .row 改成 .row-fluid，就可以将 fixed 行改为 fluid，如图 8-7 所示。

以下代码实现了图 8-7 中两个不同长度的流式页面要素：

```
<DIVclass="row-fluid">
    <DIVclass="span4">…</DIV>
    <DIVclass="span8">…</DIV>
</DIV>
```

图 8-7 流式格网系统（Fluid grid system）

嵌套的流式格网和嵌套的固定格网稍微有些不同。嵌套流式格网(Fluid Nesting)的子要素不用匹配父要素的宽度，子要素用 100%来表示占满父要素的页面宽度。

4．自定义格网(Grid Customization)

Bootstrap 允许通过修改 variables.less 的参数值来自定义格网系统，主要包括如表 8-1 所示的变量。

表 8-1 格网变量

变量	默认值	说　明
@gridColumns	12px	列数
@gridColumnWidth	60px	每列的宽度
@gridGutterWidth	20px	列间距

通过修改以上值，并重新编译 Bootstrap 来实现自定义格网系统。如果添加新的列，需要同时修改 grid.less。同样，需要修改 responsive.less 来获得多设备兼容。

5．布局（Layout）

这是指创建页面基础模板的布局。如前面所言，Bootstrap 提供两种布局方式，包括固定（Fixed）和流式（Fliud）布局。如图 8-8 所示，其中，图（a）为 Fixed 布局，图（b）为 Fluid 布局。

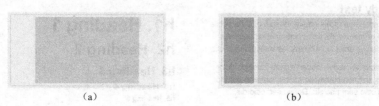

(a)   (b)

图 8-8 布局(Layout)

固定布局代码如下：

```
<body>
  <DIVclass="container"> ...
```

```
        </DIV>
    </body>
```

流式布局代码如下：

```
<DIVclass="container-fluid">
    <DIVclass="row-fluid">
        <DIVclass="span2">
            <!--Sidebar content-->
        </DIV>
        <DIVclass="span10">
            <!--Body content-->
        </DIV>
    </DIV>
</DIV>
```

如果对 Bootstrap 提供的布局不够满意，可以参见 Less Frame Work 提供的模板。

8.2.2 排版（Typography）、表格（Table）、表单（Forms）、按钮（Buttons）

Bootstrap 的脚手架（Scaffolding）提供了固定（Fixed）和流式（Fluid）两种布局，它同时建立了一个宽达 940px 的 12 列格网系统。

基于脚手架（Scaffolding），Bootstrap 的基础 CSS（Base CSS）提供了一系列的基础 HTML 页面要素，旨在为用户提供新鲜、一致的页面外观和感觉。本小节将主要讲解排版（Typography）、表格（Table）、表单（Forms）、按钮（Buttons）这四个方面的内容。

1. 排版（Typography）

它囊括标题（Headings）、段落（Paragraphs）、列表（Lists）以及其他内联要素。可以通过修改 variables.less 的两个变量：@baseFontSize 和@baseLineHeight 来控制整体排版的样式。Bootstrap 同时还使用了一些其他的算术方法来创建所有类型要素的 margin、padding、line-height 等。

（1）标题（Heading）和段落（Paragraphs）：使用常见的 html<h*></h*>和<p></P>即可表现，可以不必考虑 margin、padding。两者显示效果如图 8-9 所示。

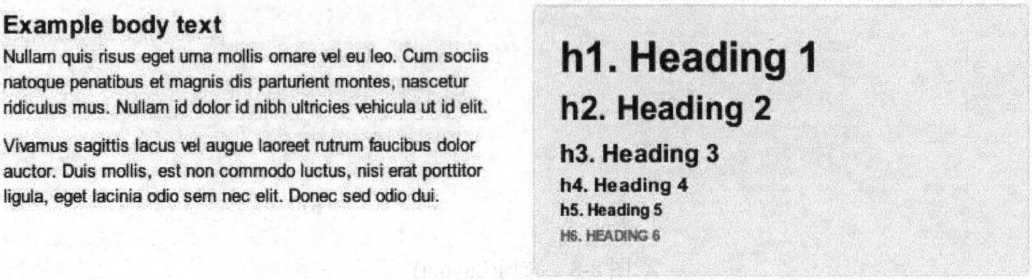

Example body text

Nullam quis risus eget urna mollis ornare vel eu leo. Cum sociis natoque penatibus et magnis dis parturient montes, nascetur ridiculus mus. Nullam id dolor id nibh ultricies vehicula ut id elit.

Vivamus sagittis lacus vel augue laoreet rutrum faucibus dolor auctor. Duis mollis, est non commodo luctus, nisi erat porttitor ligula, eget lacinia odio sem nec elit. Donec sed odio dui.

h1. Heading 1
h2. Heading 2
h3. Heading 3
h4. Heading 4
h5. Heading 5
H6. HEADING 6

图 8-9 标题与段落(Headings 和 Paragraphs)

（2）强调（Emphasis）：使用<strong>和<em>两个标签，前者使用粗体，后者使用斜体来强调标签内容。请注意，<strong>标签在 HTML4 中定义语气更重的强调文本；在 HTML5 中，

<strong> 定义重要的文本。这些短语标签也可以通过定义 CSS 的方式来丰富效果。

（3）缩写(Abbreviations)：使用<abbr>，它重新封装了该标签，鼠标滑过时会异步地显示缩写的含义。引入 title 属性来显示原文，使用.initialism 类对缩写以大写方式显示。

（4）引用文字(Blockquotes)：使用<blockquote>和<small>两个标签，前者引用文字内容，后者是可选的要素，能够添加书写式的引用，如内容作者，如图 8-10 所示。

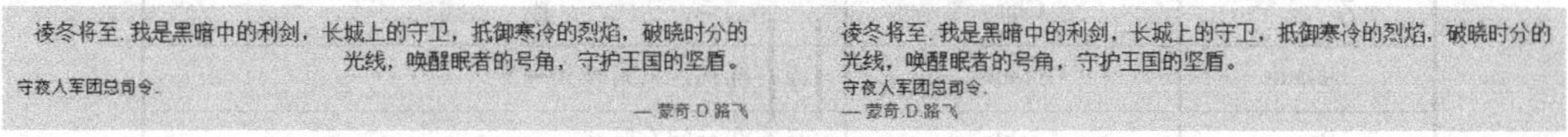

图 8-10　引用(Blockquotes)

代码片段如下：

```
<DIVclass="row">
  <DIVclass="span6 ">
  <blockquoteclass="pull-right">
    <p>凌冬将至. 我是黑暗中的利剑，长城上的守卫，抵御寒冷的烈焰，破晓时分的光线，唤醒眠者的号角，守护王国的坚盾。</p>　守夜人军团总司令.<small>蒙奇.D.<citetitle="">路飞</cite></small>
  </blockquote>
  </DIV>
  <DIVclass="span6 ">
  <blockquote>
    <p>凌冬将至.
我是黑暗中的利剑，长城上的守卫，抵御寒冷的烈焰，破晓时分的光线，唤醒眠者的号角，守护王国的坚盾。</p>　守夜人军团总司令.<small>蒙奇.D.<citetitle="">路飞</cite></small>
  </blockquote>
  </DIV>
</DIV>
```

（5）列表(Lists)：Bootstrap 提供三种标签来表现不同类型的列表。<ul>表示无序列表，<ul class="unstyled">表示无样式的无序列表；<ol>表示有序列表；<dl>表示描述列表，<dl class="dl-horizontal">表示竖排描述列表。图 8-11 较好地显示了这几种列表。

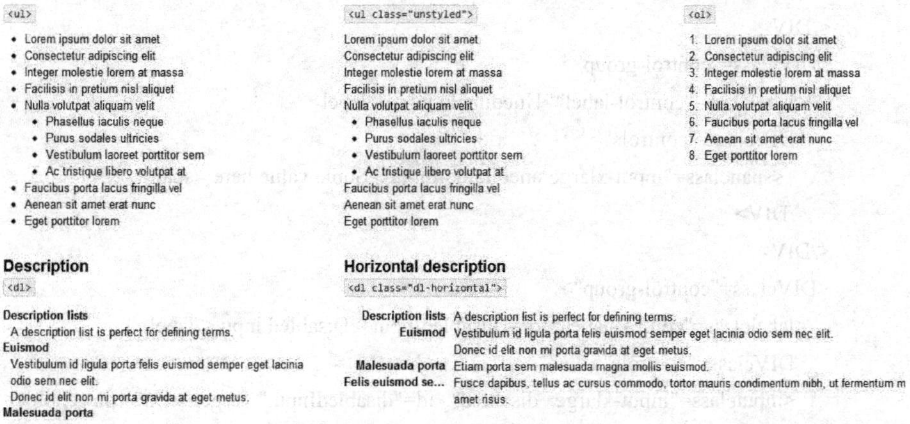

图 8-11　列表(Lists)

第 8 章　BootStrap　251

2．表格(Table)

依然使用<table>、<tr>、<th>、<td>等标签来表现表格。主要提供了四个 CSS 的类来控制表格的边和结构。表 8-2 显示了 Bootstrap 的 Table 可选项。

表 8-2　表格可选项(Table Options)

名　字	Class	描　述
Default	None	没有样式，只有行和列
Basic	.table	只有在行间有竖线
Bordered	.table-bordered	圆角和添加外边框
Zebra-stripe	.table-striped	为奇数行添加淡灰色的背景色
Condensed	.table-condensed	将横向的 padding 对切

可以将这些 CSS 类结合起来使用，如图 8-12 所示，显示了一个混合的表格。

	Full name		
#	First Name	Last Name	Username
1	Mark	Otto	@mdo
2	Jacob	Thornton	@fat
3	Larry the Bird		@twitter

图 8-12　表格(Table)

代码片段如下：

```
<DIVclass="span8">
    <formclass="form-horizontal">
      <fieldset>
        <DIVclass="control-group">
          <labelclass="control-label" for="focusedInput">Focused input</label>
          <DIVclass="controls">
            <inputclass="input-xlarge focused" id="focusedInput" type="text" value="This is focused…">
          </DIV>
        </DIV>
        <DIVclass="control-group">
          <labelclass="control-label">Uneditable input</label>
          <DIVclass="controls">
            <spanclass="input-xlarge uneditable-input">Some value here</span>
          </DIV>
        </DIV>
        <DIVclass="control-group">
          <labelclass="control-label" for="disabledInput">Disabled input</label>
          <DIVclass="controls">
            <inputclass="input-xlarge disabled" id="disabledInput" type="text" placeholder="Disabled
input here…" disabled>
          </DIV>
```

```html
      </DIV>
      <DIV class="control-group">
        <label class="control-label" for="optionsCheckbox2">Disabled checkbox</label>
        <DIV class="controls">
          <label class="checkbox">
            <input type="checkbox" id="optionsCheckbox2" value="option1" disabled>
            This is a disabled checkbox
          </label>
        </DIV>
      </DIV>
      <DIV class="control-group warning">
        <label class="control-label" for="inputWarning">Input with warning</label>
        <DIV class="controls">
          <input type="text" id="inputWarning">
          <span class="help-inline">Something may have gone wrong</span>
        </DIV>
      </DIV>
      <DIV class="control-group error">
        <label class="control-label" for="inputError">Input with error</label>
        <DIV class="controls">
          <input type="text" id="inputError">
          <span class="help-inline">Please correct the error</span>
        </DIV>
      </DIV>
      <DIV class="control-group success">
        <label class="control-label" for="inputSuccess">Input with success</label>
        <DIV class="controls">
          <input type="text" id="inputSuccess">
          <span class="help-inline">Woohoo!</span>
        </DIV>
      </DIV>
      <DIV class="control-group success">
        <label class="control-label" for="selectError">Select with success</label>
        <DIV class="controls">
          <select id="selectError">
            <option>1</option>
            <option>2</option>
            <option>3</option>
            <option>4</option>
            <option>5</option>
          </select>
          <span class="help-inline">Woohoo!</span>
        </DIV>
      </DIV>
```

```
            <DIVclass="form-actions">
                <buttontype="submit" class="btn btn-primary">Save changes</button>
                <buttonclass="btn">Cancel</button>
            </DIV>
        </fieldset>
    </form>
</DIV>
```

3．表单(Forms)

Bootstrap 的表单有很好的表现效果，而且不需要其他多余的代码。无论多复杂的布局都可以根据简洁、可扩展、事件绑定的要素来轻易实现。Bootstrap 主要提供了四种表单选项，如表 8-3 所示。

表 8-3　Bootstrap 的四种表单选项

名　字	Class	描　述
Vertical (default)	.form-vertical (not required)	堆放式，可控制的左对齐标签
Inline	.form-inline	左对齐标签和简约的内联控制块
Search	.form-search	放大的圆角，具有美感的搜索框
Horizontal	.form-horizontal	左漂浮，右对齐标签

可以到官方网站去体验各种表单要素的真实效果，在 Chrome、Firefox 等现代浏览器下显示十分优雅。同时可以使用.control-group 来控制表单输入、错误等状态，这需要 wekit 内核，如图 8-13 所示。

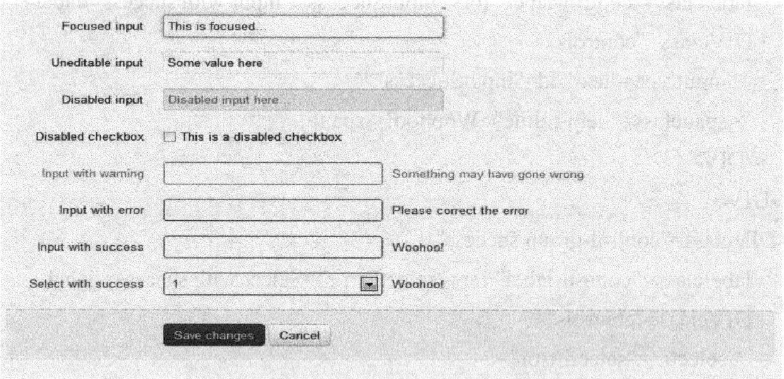

图 8-13　表单状态控制

代码片段如下：

```
<DIVclass="span8">
    <formclass="form-horizontal">
        <fieldset>
            <DIVclass="control-group">
                <labelclass="control-label" for="focusedInput">Focused input</label>
                <DIVclass="controls">
```

```html
        <inputclass="input-xlarge focused" id="focusedInput" type="text" value="This is focused…">
      </DIV>
    </DIV>
    <DIVclass="control-group">
      <labelclass="control-label">Uneditable input</label>
      <DIVclass="controls">
        <spanclass="input-xlarge uneditable-input">Some value here</span>
      </DIV>
    </DIV>
    <DIVclass="control-group">
      <labelclass="control-label" for="disabledInput">Disabled input</label>
      <DIVclass="controls">
        <inputclass="input-xlarge disabled" id="disabledInput" type="text" placeholder="Disabled input here…" disabled>
      </DIV>
    </DIV>
    <DIVclass="control-group">
      <labelclass="control-label" for="optionsCheckbox2">Disabled checkbox</label>
      <DIVclass="controls">
        <labelclass="checkbox">
          <inputtype="checkbox" id="optionsCheckbox2" value="option1" disabled>
          This is a disabled checkbox
        </label>
      </DIV>
    </DIV>
    <DIVclass="control-group warning">
      <labelclass="control-label" for="inputWarning">Input with warning</label>
      <DIVclass="controls">
        <inputtype="text" id="inputWarning">
        <spanclass="help-inline">Something may have gone wrong</span>
      </DIV>
    </DIV>
    <DIVclass="control-group error">
      <labelclass="control-label" for="inputError">Input with error</label>
      <DIVclass="controls">
        <inputtype="text" id="inputError">
        <spanclass="help-inline">Please correct the error</span>
      </DIV>
    </DIV>
    <DIVclass="control-group success">
      <labelclass="control-label" for="inputSuccess">Input with success</label>
      <DIVclass="controls">
        <inputtype="text" id="inputSuccess">
        <spanclass="help-inline">Woohoo!</span>
      </DIV>
    </DIV>
```

```
            <DIV class="control-group success">
              <label class="control-label" for="selectError">Select with success</label>
              <DIV class="controls">
                <select id="selectError">
                  <option>1</option>
                  <option>2</option>
                  <option>3</option>
                  <option>4</option>
                  <option>5</option>
                </select>
                <span class="help-inline">Woohoo!</span>
              </DIV>
            </DIV>
            <DIV class="form-actions">
              <button type="submit" class="btn btn-primary">Save changes</button>
              <button class="btn">Cancel</button>
            </DIV>
          </fieldset>
      </form>
    </DIV>
  </DIV>
```

4．按钮(Buttons)

Bootstrap 提供多种样式的按钮，同样是通过 CSS 的类来控制，包括 btn、btn-primary、btn-info、btn-success 等不同颜色的按钮，也可以简单地通过.btn-large、btn-mini 等 CSS 的 class 控制按钮大小，能够同时用在<a>、<button>、<input>标签上，非常简单易用。如图 8-14 所示为不同颜色的按钮。

Button	class=""	Description
Default	btn	Standard gray button with gradient
Primary	btn btn-primary	Provides extra visual weight and identifies the primary action in a set of buttons
Info	btn btn-info	Used as an alternative to the default styles
Success	btn btn-success	Indicates a successful or positive action
Warning	btn btn-warning	Indicates caution should be taken with this action
Danger	btn btn-danger	Indicates a dangerous or potentially negative action
Inverse	btn btn-inverse	Alternate dark gray button, not tied to a semantic action or use

图 8-14　按钮(Buttons)

代码如下：

```
<table class="table table-bordered table-striped">
    <thead>
      <tr>
        <th>Button</th>
```

```html
        <th>class=""</th>
        <th>Description</th>
      </tr>
    </thead>
    <tbody>
      <tr>
        <td><buttonclass="btn" href="#">Default</button></td>
        <td><code>btn</code></td>
        <td>Standard gray button with gradient</td>
      </tr>
      <tr>
        <td><buttonclass="btn btn-primary" href="#">Primary</button></td>
        <td><code>btn btn-primary</code></td>
        <td>Provides extra visual weight and identifies the primary action in a set of buttons</td>
      </tr>
      <tr>
        <td><buttonclass="btn btn-info" href="#">Info</button></td>
        <td><code>btn btn-info</code></td>
        <td>Used as an alternative to the default styles</td>
      </tr>
      <tr>
        <td><buttonclass="btn btn-success" href="#">Success</button></td>
        <td><code>btn btn-success</code></td>
        <td>Indicates a successful or positive action</td>
      </tr>
      <tr>
        <td><buttonclass="btn btn-warning" href="#">Warning</button></td>
        <td><code>btn btn-warning</code></td>
        <td>Indicates caution should be taken with this action</td>
      </tr>
      <tr>
        <td><buttonclass="btn btn-danger" href="#">Danger</button></td>
        <td><code>btn btn-danger</code></td>
        <td>Indicates a dangerous or potentially negative action</td>
      </tr>
      <tr>
        <td><buttonclass="btn btn-inverse" href="#">Inverse</button></td>
        <td><code>btn btn-inverse</code></td>
        <td>Alternate dark gray button, not tied to a semantic action or use</td>
      </tr>
    </tbody>
  </table>
```

8.3 Bootstrap 布局组件

Bootstrap 的基础 CSS(Base CSS)提供了优雅、一致的多种基础 HTML 页面要素,包括排版、表格、表单、按钮等能够满足前端工程师的基本要素需求。

Bootstrap 作为完整的前端工具集,内建了大量强大的可重用组件,包括按钮(Button)、导航(Navigation)、标签(Labels)、徽章(Badges)、排版(Typography)、缩略图(Thumbnails)、提醒(Alert)、进度条(Progress Bar)、杂项(Miscellaneous)。

8.3.1 按钮(Button)

8.2 节的最后提到了 Button 的多种简单样式,然而在 Bootstrap 中可以通过组合 Button 获得更多类似于工具条的功能,组件中的按钮可以组合成按钮组(Button Group)和按钮式下拉菜单(Button Drown Menu)。

1. 按钮组(Button Group)

顾名思义,按钮组是将多个按钮集合成一个页面部件。只需要使用 btn-group 类和一系列 <a> 或 <button> 标签,就可以轻易地生成一个按钮组或按钮工具条。

按钮组的编程实践中需要注意以下几点:
(1)建议在单一的按钮组中不要混合使用<a>和<button>标签,而是只用它们中的一个。
(2)同一按钮组最好使用同一颜色。
(3)使用图标时要确保正确的引用位置。

按钮组和按钮工具条都非常容易实现,如图 8-15 所示。

图 8-15 按钮组(Button Group)

2. 按钮式下拉菜单(Button Drown Menu)

Bootstrap 允许使用任意的按钮标签来触发一个下拉菜单,只需要将正确的菜单内容置于.btn-group 类标签内。如图 8-16 所示。

图 8-16 按钮下拉菜单

以上两种按钮组件的代码如下：

```html
<DIV class="span4 well pricehover">
    <h2>按钮组</h2>
    <DIV class="btn-group" style="margin: 9px 0;">
        <button class="btn btn-large btn-primary">Left</button>
        <button class="btn btn-large   btn-primary">Middle</button>
        <button class="btn   btn-large btn-primary">Right</button>
    </DIV>
</DIV>
<DIV class="span4 well pricehover">
<h2>按钮工具条</h2>
    <DIV class="btn-toolbar">
        <DIV class="btn-group">
            <button class="btn">1</button>
            <button class="btn">2</button>
            <button class="btn">3</button>
            <button class="btn">4</button>
        </DIV>
        <DIV class="btn-group">
            <button class="btn">5</button>
            <button class="btn">6</button>
            <button class="btn">7</button>
        </DIV>
        <DIV class="btn-group">
            <button class="btn">8</button>
        </DIV>
    </DIV>
</DIV>
<DIV class="span8 well pricehover">
    <h3>按钮下拉菜单</h3>
    <p></p>
    <DIV class="btn-toolbar" >
        <DIV class="btn-group">
            <button class="btn dropdown-toggle" data-toggle="dropdown">Action <span class= "caret"></span></button>
            <ul class="dropdown-menu">
                <li><a href="#">Action</a></li>
                <li><a href="#">Another action</a></li>
                <li><a href="#">Something else here</a></li>
                <li class="DIVider"></li>
                <li><a href="#">Separated link</a></li>
            </ul>
        </DIV><!-- /btn-group-->
        <DIV class="btn-group">
```

```html
        <button class="btn btn-primary dropdown-toggle" data-toggle="dropdown">Action <span class="caret"></span></button>
          <ul class="dropdown-menu">
            <li><a href="#">Action</a></li>
            <li><a href="#">Another action</a></li>
            <li><a href="#">Something else here</a></li>
            <li class="DIVider"></li>
            <li><a href="#">Separated link</a></li>
          </ul>
        </DIV><!-- /btn-group-->
        <DIV class="btn-group">
          <button class="btn btn-danger dropdown-toggle" data-toggle="dropdown">Danger <span class="caret"></span></button>
          <ul class="dropdown-menu">
            <li><a href="#">Action</a></li>
            <li><a href="#">Another action</a></li>
            <li><a href="#">Something else here</a></li>
            <li class="DIVider"></li>
            <li><a href="#">Separated link</a></li>
          </ul>
        </DIV><!-- /btn-group-->
      </DIV>
      <DIV class="btn-toolbar">
        <DIV class="btn-group">
          <button class="btn btn-warning dropdown-toggle" data-toggle="dropdown">Warning <span class="caret"></span></button>
          <ul class="dropdown-menu">
            <li><a href="#">Action</a></li>
            <li><a href="#">Another action</a></li>
            <li><a href="#">Something else here</a></li>
            <li class="DIVider"></li>
            <li><a href="#">Separated link</a></li>
          </ul>
        </DIV><!-- /btn-group-->
        <DIV class="btn-group">
          <button class="btn btn-success dropdown-toggle" data-toggle="dropdown">Success <span class="caret"></span></button>
          <ul class="dropdown-menu">
            <li><a href="#">Action</a></li>
            <li><a href="#">Another action</a></li>
            <li><a href="#">Something else here</a></li>
            <li class="DIVider"></li>
            <li><a href="#">Separated link</a></li>
          </ul>
```

```
            </DIV><!-- /btn-group-->
            <DIVclass="btn-group">
                <buttonclass="btn  btn-info  dropdown-toggle"  data-toggle="dropdown">Info  <spanclass="caret"></span></button>
                <ulclass="dropdown-menu">
                    <li><ahref="#">Action</a></li>
                    <li><ahref="#">Another action</a></li>
                    <li><ahref="#">Something else here</a></li>
                    <liclass="DIVider"></li>
                    <li><ahref="#">Separated link</a></li>
                </ul>
            </DIV><!-- /btn-group-->
            <DIVclass="btn-group">
                <buttonclass="btn btn-inverse dropdown-toggle" data-toggle="dropdown">Inverse <spanclass="caret"></span></button>
                <ulclass="dropdown-menu">
                    <li><ahref="#">Action</a></li>
                    <li><ahref="#">Another action</a></li>
                    <li><ahref="#">Something else here</a></li>
                    <liclass="DIVider"></li>
                    <li><ahref="#">Separated link</a></li>
                </ul>
            </DIV><!-- /btn-group-->
        </DIV><!-- /btn-toolbar-->
```

同时，Bootstrap 还有分隔符的下拉菜单和上拉菜单按钮。

8.3.2 导航（Navigation）

1. 轻量导航（Nav,Tabs and Pills）

Bootstrap 的导航非常多样和灵活，允许使用同样的标签，不同的 CSS 类有不同风格的导航条，具有非常高的可定制性。所有的导航组件，包括 tabs、pills、lists 标签，都必须使用.nav 的类实现基础的导航标签。除了常见的导航，还可以利用.nav-stacked 类来实现堆叠式（Stacked）——竖式的导航条。图 8-17 展示了多种基础风格的导航。

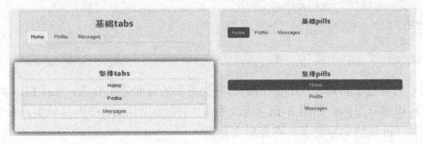

图 8-17 多种基础风格导航

代码如下：

```
<DIV class="row">
<DIV class="span5 well pricehover">
 <h2>基础 tabs</h2>
    <ul class="nav nav-tabs">
        <li class="active"><a href="#">Home</a></li>
        <li><a href="#">Profile</a></li>
        <li><a href="#">Messages</a></li>
    </ul>
    </DIV>
<DIV class="span5 well pricehover">
 <h3>基础 pills</h3>
    <ul class="nav nav-pills">
        <li class="active"><a href="#">Home</a></li>
        <li><a href="#">Profile</a></li>
        <li><a href="#">Messages</a></li>
    </ul>
    </DIV>
 </DIV>
    <DIV class="row">
        <DIV class="span5 well pricehover">
 <h3>竖排 tabs</h3>
    <ul class="nav nav-tabs nav-stacked">
        <li class="active"><a href="#">Home</a></li>
        <li><a href="#">Profile</a></li>
        <li><a href="#">Messages</a></li>
    </ul>
    </DIV>
            <DIV class="span5 well pricehover">
 <h3>竖排 pills</h3>
    <ul class="nav nav-pills nav-stacked">
        <li class="active"><a href="#">Home</a></li>
        <li><a href="#">Profile</a></li>
        <li><a href="#">Messages</a></li>
    </ul>
    </DIV>
 </DIV>
```

下拉菜单的导航条和列表式(Nav List)的导航条都是页面常用要素，Nav List 类似于 OSX 的 Finder，可以带有图标，如图 8-18 所示。它们同样可以用 .nav 作为基础类，来实现这些组件。还有各种 Tab 风格的导航条，将在后文补充。

图 8-18 列表与下拉导航

代码如下:

```
<DIVclass="span5 well pricehover">
            <h2>基础 Nav List</h2>
    <ulclass="nav nav-list">
        <liclass="nav-header">List header</li>
        <liclass="active"><ahref="#">Home</a></li>
        <li><ahref="#">Library</a></li>
        <li><ahref="#">Applications</a></li>
        <liclass="nav-header">Another list header</li>
        <li><ahref="#">Profile</a></li>
        <li><ahref="#">Settings</a></li>
        <liclass="DIVider"></li>
        <li><ahref="#">Help</a></li>
    </ul>
</DIV>
<DIVclass="span5 well pricehover">
 <h3>图标 List</h3>
    <ulclass="nav nav-list">
        <liclass="nav-header">List header</li>
        <liclass="active"><ahref="#"><iclass="icon-white icon-home"></i> Home</a></li>
        <li><ahref="#"><iclass="icon-book"></i> Library</a></li>
        <li><ahref="#"><iclass="icon-pencil"></i> Applications</a></li>
        <liclass="nav-header">Another list header</li>
        <li><ahref="#"><iclass="icon-user"></i> Profile</a></li>
        <li><ahref="#"><iclass="icon-cog"></i> Settings</a></li>
        <liclass="DIVider"></li>
        <li><ahref="#"><iclass="icon-flag"></i> Help</a></li>
    </ul>
</DIV>
        </DIV>
```

```
            <DIVclass="row">
                <DIVclass="span5 well pricehover">
        <h3>pills 式的下拉菜单</h3>
        <ulclass="nav nav-pills">
            <liclass="active"><ahref="#">Home</a></li>
            <li><ahref="#">Help</a></li>
            <liclass="dropdown">
                <aclass="dropdown-toggle" data-toggle="dropdown" href="#">Dropdown <bclass= "caret"></b></a>
                <ulclass="dropdown-menu">
                    <li><ahref="#">Action</a></li>
                    <li><ahref="#">Another action</a></li>
                    <li><ahref="#">Something else here</a></li>
                    <liclass="DIVider"></li>
                    <li><ahref="#">Separated link</a></li>
                </ul>
            </li>
        </ul>
            </DIV>
                <DIVclass="span5 well pricehover">
        <h3>tab 式的下拉菜单</h3>
        <ulclass="nav nav-tabs">
            <liclass="active"><ahref="#">Home</a></li>
            <li><ahref="#">Help</a></li>
            <liclass="dropdown">
                <aclass="dropdown-toggle" data-toggle="dropdown" href="#">Dropdown <bclass= "caret"></b></a>
                <ulclass="dropdown-menu">
                    <li><ahref="#">Action</a></li>
                    <li><ahref="#">Another action</a></li>
                    <li><ahref="#">Something else here</a></li>
                    <liclass="DIVider"></li>
                    <li><ahref="#">Separated link</a></li>
                </ul>
            </li>
        </ul>
            </DIV>
```

2．导航条（Nav Bar)

最重要的页面要素莫过于页面头部的导航条，这是几乎任何页面都会使用到的。Bootstrap 提供的基础样式的导航条是目前互联网的流行的"硬又黑"风格，当然可以用 Less 来定制它。要注意导航条的基础类不再是.nav，而是 navbar。

至于顶部或者底部，用 navbar-fixed-top 与 navbar-fixed-bottom 来置顶/底，可以在 navbar 中使用 form 要素，如.navbar-form，同时支持响应式操作，通过.nav-collapse 或直接是.collapse 类实现，如图 8-19 所示。

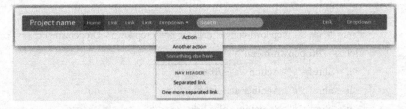

图 8-19 导航条

代码如下:

```
<DIVclass="span10 well pricehover">
  <DIVclass="navbar">
  <DIVclass="navbar-inner">
    <DIVclass="container">
      <aclass="btn btn-navbar" data-toggle="collapse" data-target=".nav-collapse">
        <spanclass="icon-bar"></span>
        <spanclass="icon-bar"></span>
        <spanclass="icon-bar"></span>
      </a>
      <aclass="brand" href="#">Project name</a>
      <DIVclass="nav-collapse">
        <ulclass="nav">
          <liclass="active"><ahref="#">Home</a></li>
          <li><ahref="#">Link</a></li>
          <li><ahref="#">Link</a></li>
          <li><ahref="#">Link</a></li>
          <liclass="dropdown">
            <ahref="#" class="dropdown-toggle" data-toggle="dropdown">Dropdown <bclass= "caret"></b></a>
            <ulclass="dropdown-menu">
              <li><ahref="#">Action</a></li>
              <li><ahref="#">Another action</a></li>
              <li><ahref="#">Something else here</a></li>
              <liclass="DIVider"></li>
              <liclass="nav-header">Nav header</li>
              <li><ahref="#">Separated link</a></li>
              <li><ahref="#">One more separated link</a></li>
            </ul>
          </li>
        </ul>
        <formclass="navbar-search pull-left" action="">
          <inputtype="text" class="search-query span2" placeholder="Search">
        </form>
        <ulclass="nav pull-right">
          <li><ahref="#">Link</a></li>
          <liclass="DIVider-vertical"></li>
```

```
            <liclass="dropdown">
                <ahref="#" class="dropdown-toggle" data-toggle="dropdown">Dropdown <bclass= "caret"></b></a>
                <ulclass="dropdown-menu">
                    <li><ahref="#">Action</a></li>
                    <li><ahref="#">Another action</a></li>
                    <li><ahref="#">Something else here</a></li>
                    <liclass="DIVider"></li>
                    <li><ahref="#">Separated link</a></li>
                </ul>
            </li>
        </ul>
      </DIV><!-- /.nav-collapse-->
    </DIV>
  </DIV><!-- /navbar-inner-->
</DIV><!-- /navbar-->
  </DIV>
```

3．面包屑导航(Bread Crumbs)与页码(Pagination)

面包屑导航(Bread Crumbs)用作显示用户在网站或 App 的位置。Bootstrap 的"面包"用在代码仓库式的页面很优雅，具体实现如图 8-20 所示。

图 8-20　面包屑导航（Bread Crumbs）

页码(Pagination)也是非常常用的页面要素，Bootstrap 提供两种风格的翻页组件，如图 8-2 所示。一种是多页面导航，用于多个页码的跳转，它具有极简主义风格的翻页提示，能够很好地应用在结果搜索页面；另一种则是 Pager，是轻量级组件，可以快速翻动上下页，适用于个人博客或者杂志。

图 8-21　页码（Pagination）

以上两种导航的代码如下：

```
        <DIVclass="span10 well pricehover">
    <ulclass="breadcrumb">
        <liclass="active">Home</li>
```

```html
          </ul>
          <ul class="breadcrumb">
              <li><a href="#">Home</a> <span class="DIVider">/</span></li>
              <li class="active">Library</li>
          </ul>
          <ul class="breadcrumb">
              <li><a href="#">Home</a> <span class="DIVider">/</span></li>
              <li><a href="#">Library</a> <span class="DIVider">/</span></li>
              <li class="active">Data</li>
          </ul>
          </DIV>
<DIV class="span5 well pricehover">
<DIV class="pagination">
          <ul>
              <li class="disabled"><a href="#">&laquo;</a></li>
              <li class="active"><a href="#">1</a></li>
              <li><a href="#">2</a></li>
              <li><a href="#">3</a></li>
              <li><a href="#">4</a></li>
              <li><a href="#">&raquo;</a></li>
          </ul>
          </DIV>
          <DIV class="pagination">
              <ul>
                  <li><a href="#">&laquo;</a></li>
                  <li><a href="#">10</a></li>
                  <li class="active"><a href="#">11</a></li>
                  <li><a href="#">12</a></li>
                  <li><a href="#">&raquo;</a></li>
              </ul>
          </DIV>
          <DIV class="pagination">
              <ul>
                  <li><a href="#">&laquo;</a></li>
                  <li class="active"><a href="#">10</a></li>
                  <li class="disabled"><a href="#">...</a></li>
                  <li><a href="#">20</a></li>
                  <li><a href="#">&raquo;</a></li>
              </ul>
          </DIV>
          <DIV class="pagination pagination-centered">
              <ul>
                  <li class="active"><a href="#">1</a></li>
                  <li><a href="#">2</a></li>
```

```
            <li><a href="#">3</a></li>
            <li><a href="#">4</a></li>
            <li><a href="#">5</a></li>
         </ul>
      </DIV>
   </DIV>
   <DIV class="span5 well pricehover">
      <ul class="pager">
         <li><a href="#">Previous</a></li>
         <li><a href="#">Next</a></li>
      </ul>
      <ul class="pager">
         <li class="previous"><a href="#">&larr; Older</a></li>
         <li class="next"><a href="#">Newer &rarr;</a></li>
      </ul>
   </DIV>
</DIV>
```